富士山

バードウォッチングガイド

朝霧高原
田貫湖
奥庭・お中道
三ツ峠山
吉田口登山道
西湖
精進湖
本栖湖
忍野村
山中湖
三国峠
須山口登山道
越前岳
富士宮口五合目
宝永山
西臼塚
高鉢山
丸火自然公園
浮島ヶ原
etc.

≫巻頭グラビア
富士山と野鳥

選者 ● BIRDER 編集委員（植田睦之, 志賀 眞, 中村忠昌）, BIRDER 編集部

BIRDER2014年1月号と2月号にて, "富士山と野鳥" をテーマに読者の皆さんから写真を募集した。数多くの力作が送られてきた中で, 選ばれた11作品を紹介する。

審査員特別賞
「渚にぎわう」ミヤコドリ *Haematopus ostralegus*,
ハマシギ *Calidris alpine*（田中義和）
この日，秋晴れと潮具合という自然の演出のおかげか，ダイナミックなシーンに出会えた
2009年11月3日 千葉県船橋市三番瀬
Nikon D300／Nikkor 300mm F/4D
絞り：f5.6　シャッタースピード：1/2000
ISO：320　WB：晴天

「セレブの食卓」ズグロカモメ *Larus saundersi*（田中義和）
カニの捕獲の巧みさにはいつも感心させられるが，激減している天然ウナギとはびっくり！もちろん初見。無事お腹におさまり，うらやましげな私を残して飛び去っていった
2012年2月2日 千葉県木更津市
Nikon D300／Nikkor 300mm F/4D
絞り：開放　シャッタースピード：1/2500　ISO：400　WB：オート

カシラダカ *Emberiza rustica*（川野昌代）寒い空気が澄んだ日でした。ベニマシコ狙いで歩いていましたが，ちょうど前方でカシラダカが木に止まり，真っ白な富士山をバックに撮影することができました
2013年12月26日 静岡県裾野市須山
Nikon VR80-400mm
絞り：f8　シャッタースピード：1/320　ISO：100

ミユビシギ *Calidris alba*（冨岡徳幸）
湘南の辻堂海岸には，毎年100羽近いミユビシギが越冬のために飛来します
2013年11月27日 神奈川県藤沢市辻堂東海岸
Canon EOS 50D／100-400mm ズームレンズ
絞り：f16　シャッタースピード：1/1600　ISO：2000

クロサギ *Egretta sacra*（津久井克美）
よく晴れた小春日和の御前崎海岸で，この地でよく見かけるクロサギが定住
の岩場から飛び立ちました。富士山を背中にした瞬間を狙いました
2014年1月10日 静岡県御前崎市御前崎海岸
Canon EOS 7D／Canon EF100-400mm F5.6 IS USM
絞り：開放　シャッタースピード：1/1500　ISO：400　WB：太陽光

BIRDER 賞

ムクドリ *Spodiopsar cineraceus*
（春森アオジ）
冬の富士山が映る水溜まりに，ムクドリたちが水を飲みに来ていた。水溜まりまでの距離は近いが，実際の富士山までの距離を考慮して絞らないと，ピントがハズれてしまう……
2009年1月15日 静岡県静岡市清水区
Canon EOS 5D ／ EF100-400mm f/4.5-5.6L IS USM
絞り：f14　シャッタースピード：1/100　ISO：200　WB：オート

ノスリ *Buteo buteo*（春森アオジ）
荒れ地に見つけたノスリの狩場。7〜8mの高さの枯れ木に止まり，カマキリや野ネズミを捕っていました。そこは，バックに富士山を入れて撮るには絶好の場所でした
2001年12月3日 静岡県富士市
Nikon F5／Ai Nikkor ED 600mm F5.6(IF)
絞り：F5.6　シャッタースピード：1/500　ISO：100

ノビタキ *Saxicola torquatus*（川野昌代）
このあたりは，富士山が美しく見える知られざる"展望スポット"でもあります。
散歩中に，ちょうどノビタキが富士をバックにススキに止まってくれました
2013年10月12日 静岡県三島市見晴台 Nikon VR18-55mm
絞り：f5.6　シャッタースピード：1/500　ISO：100

アジサシ *Sterna hirundo*（津久井克美）
富士山の頂に冠雪が美しくなるころ，秋の渡りのアジサシの群れが500〜600羽飛んでいきました
2012年12月16日 静岡県御前崎市御前崎海岸
Canon EOS 7D／Canon EF100-400mm F5.6 IS USM
絞り：開放　シャッタースピード：1/1000　ISO：400　WB：太陽光

ハマシギ *Calidris alpine*（小野敏明）
冬の浜辺でハマシギが一列に並びました。冬になると千葉県からも富士山が見えます
2013年11月30日 千葉県千葉市検見川の浜
Nikon D7100／Nikon 70-300mm
絞り：f11　シャッタースピード：1/80　ISO：400　WB：晴天

セグロカモメ *Larus argentatus*（津久井克美）
よく晴れた厳寒の御前崎海岸で，セグロカモメが富士を仰ぎ佇んでいました。富士の白，雲の白，波の白，
カモメの白。寒さの中に温かさを感じました　2012年2月24日 静岡県御前崎市御前崎海岸
Canon EOS 7D／Canon EF100-400mm F5.6 IS USM
絞り：開放　シャッタースピード：1/1200　ISO：500　WB：太陽光

富士山で使いたい！
野鳥を見る・撮るならこの道具！

(1台2役のカスタム式 望遠レンズシステム)

1本のレンズで「観たい」「撮りたい」を叶える新しいコンセプトのレンズシステム

MILTOL（ミルトル）は、カメラレンズと望遠鏡が1つになった、カスタム式の望遠レンズシステム。マウントやアイピースなどさまざまなパーツを組み合わせることで、ある時はカメラレンズとして望遠撮影、またある時は望遠鏡としてフィールド観察や天体観察と、あらゆるシーンや目的に対応します。「フィールドスコープ 400mm F6.7 ED レンズキット」は野鳥観察に最適なカモフラージュ柄の MOSSY OAK カラー。付属のアイピースで倍率44倍のスコープとして使用できます。別売の「Tマウント」を取り付けると野鳥撮影もお楽しみいただけます。

フィールドスコープ 400mm F6.7 ED レンズキット

400mm F6.7 ED レンズに「スコープアイピースキット（Tマウント用）」をセット。フィールドスコープキット限定の MOSSY OAK カラー。

89,000 円（税別）

MILTOL 400mm F6.7 ED レンズ

焦点距離400mm、F6.7固定の望遠レンズ。ED レンズを使用し、色にじみの無いシャープで抜けの良い画像を得ることを可能に。ニコン用、キヤノン用を用意。

68,000 円（税別）

MILTOL 200mm F4 レンズ

焦点距離200mm、F4固定の望遠レンズ。2群4枚のシンプルなレンズ構成と取り回しの良さが魅力。ニコン用、キヤノン用を用意。

40,000 円（税別）

※詳細や他の機種については、下記にお問い合わせください。

URL：http://www.kenko-tokina.co.jp/

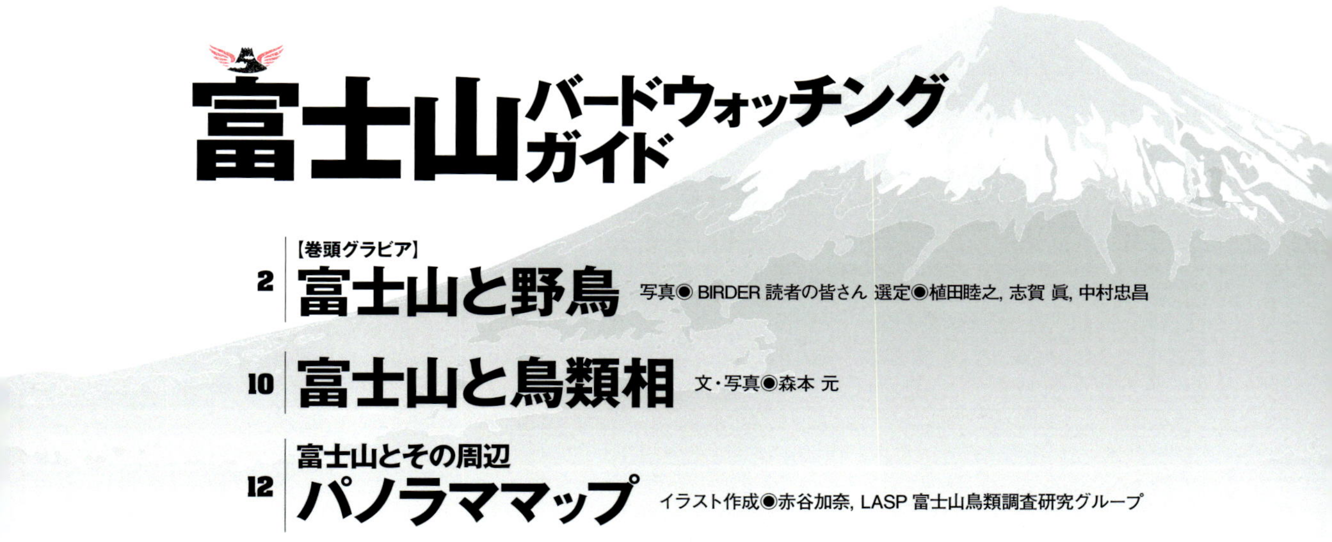

富士山バードウォッチングガイド

【巻頭グラビア】
2 富士山と野鳥　写真●BIRDER読者の皆さん　選定●植田睦之, 志賀 眞, 中村忠昌

10 富士山と鳥類相　文・写真●森本 元

12 富士山とその周辺 パノラマップ　イラスト作成●赤谷加奈, LASP 富士山鳥類調査研究グループ

14 富士山とその周辺 探鳥地ガイド
文・写真●西 教生, 峯尾雄太, 渡邊修治

- 14 朝霧高原・東海自然歩道
- 16 朝霧アリーナ・長瀞ダム
- 18 猪之頭
- 20 田貫湖
- 22 西湖・精進湖・本栖湖
- 24 奥庭・お中道
- 26 精進口登山道
- 27 剣丸尾
- 28 上吉田
- 30 北富士演習場
- 32 吉田口登山道
- 33 忍野村
- 34 三ツ峠山
- 36 山中湖
- 38 旭ヶ丘
- 40 三国峠・パノラマ台
- 43 富士山御胎内
- 44 十里木高原～須山口登山道
- 46 富士山こどもの国・越前岳
- 48 丸火自然公園
- 50 西臼塚
- 52 富士山自然休養林
- 54 富士宮口五合目
- 56 岩本山公園
- 58 富士川河口
- 60 浮島ヶ原
- 62 奥駿河湾

65 バードウォッチングの必須アイテム **双眼鏡の使いかた**　文●志賀 眞

66 富士山で見られる鳥ガイド
文●森本 元, 岡久雄二
写真●上沖正欣, 川瀬水輝, 小西広視, 高木憲太郎, 高橋雅雄, 中居 稔, 松原一男, 丸山正美, 森本 元

91 富士山バードウォッチング **Q&A**　構成●森本 元

写真1: 海越しに望む富士山。海岸線から頂上まで続く巨大な山と言える

富士山の鳥類相

～富士山に鳥がたくさんいる理由～

文・写真 ● 森本 元（LASP 富士山鳥類調査研究グループ／（公財）山階鳥類研究所）

日本で最も有名な山、富士山は観光地でもあり、豊かな自然を抱える自然観察の場でもある。そんな富士山での鳥見ではどんな鳥に出会えるのか、まずは探鳥地としての富士山の実力を探ってみよう。

写真3: 亜高山帯である五合目駐車場より望む富士山。針葉樹林帯を越えると草木の無い地面がむき出しで草木が生えていないことがわかる

写真2: 富士山麓である山中湖畔の森林。落葉広葉樹林となっている

山と鳥の関係とは？

「富士山」と聞いてバードウォッチャーの皆さんには、どのような環境や鳥が頭に浮かぶだろう？緑豊かな森林に鳴くキビタキやオオルリ、それとも頂上付近の草も生えていないガレ場で鳴くイワヒバリ、はたまた麓の草原でさえずるノビタキであろうか。富士五湖のような水辺でカモ類の姿をイメージする人もいるだろう。ひと口に「富士山」といっても、その環境はさまざまである。これほど人によってイメージが異なる背景には、山という地形が関係している。

休みの日のレジャーといえば海か山が定番である。両者は並べて語られることが多いが、地理的にはかなり異なる存在なのだ。前者は平面的な広がりのみだが、山はこれに加えて「標高」という縦方向の変化が加わる。つまり、三次元の大きな変異が伴う点が山の地理的特徴といえよう。さてここで、中学校理科の復習をしてみたい。標高が100m高くなるほど、気温は約0.6℃下がる。このため同じ山でも標高の低い場所と高い場所では大きな気温差が生じる。富士山と聞くと、左のロゴマークのようなてっぺんが白い山を思い描く人が多いと思う。このとき富士山の上側では雪が溶けていないが、ふもとではもう桜咲く春だったり、木々が緑生い茂る暑い夏だったりする。これはこの気温差の存在ゆえである。そして気温が異なると、そこに生える植物も変わる。これが鳥類相へ大きく影響することとなる。

いろいろな環境を もつ富士山

ここで富士山を上から下まで眺め

てみたい。山麓は山梨県側の山中湖で標高約1,000m, 静岡県側の御殿場市の高いところでは標高約700m。これらの富士山のふもとの町は, 大都会から見れば十分に避暑地といえる涼しさだが, そこに生える植物相は一般的な落葉広葉樹林である。どこまでを富士山とみなすかはいろいろな見方があるが, 標高3,776mの山頂から静岡や神奈川の海岸線・海抜0mまでずっと続く巨大な山ともみなせる。この海岸線近くまで行けば, その気温の高さゆえに照葉樹林が出現するが, さすがに河口湖などの富士山麓では照葉樹の自然林はない。富士山麓では落葉広葉樹林が標準的な環境だ。同じ落葉広葉樹林でも標高が高くなるにつれて樹種が刻々と変わってゆく。標高1,500m前後を超えると, 針広混交林を経て針葉樹林となる。ここまでくればもう亜高山帯である。さらに上がると森林限界に達し, 背の低い樹木やまばらな高山植物のみとなる。そしてその上は草木の生えていない風景となる。この高山帯を歩けば,「スコリア」と呼ばれるザラザラと粒が大きな溶岩性の礫が富士山を形作っていることがよくわかる。これらの多様な環境が, 平面的には大して離れていない空間にギュッと詰まっているのが富士山の特徴と言えよう。そして日本でいちばん高く大きな富士山は, ほかの山以上に, 1つの山中にさまざまな環境が同所的に存在している場所なのである。

富士山は鳥の宝庫

富士山の鳥類相の特徴をひと言で表すなら「種数が多い」ことだ。これは前述した環境の多様さに裏づけられたものであろう。実は環境が多様だと, そこに生息する生物種数は増加してゆくことがさまざまな研究から明らかであり, 鳥類もその例に漏れない。環境が異なると生息する鳥たちも変わってくる。この違いは種ごとに生態的地位(ニッチ)が異なることに起因しており, その背景には種ごとの食性の違いや形態などが密接に関連している。

環境別の生息種を富士山で眺めてみると, 夏の高山帯ではイワヒバリやカヤクグリなど, その下の亜高山帯ではルリビタキやメボソムシクイなど, さらに下の夏緑樹林帯ではコルリやキビタキといった鳥たちが繁殖している。また, ヒガラは標高を問わず見られる優占種である。人里のない山体を離れてふもとまで下れば, 里地や農耕地, 山麓に広がる草原など, 山の上にはなかった環境が広がっている。これらの山麓ではメジロやコムクドリといった里の鳥たち, ホオアカやノビタキ, オオジシギといった草原の鳥種などが繁殖している。また, 草原環境も一様ではない。朝霧高原などの牧草地と北富士の自衛隊演習場の広大なアシ原では, その生息鳥種は異なっており, 前者には里地の鳥が多いといった傾向がある。環境の違いと鳥の多様さを短時間で実感できることが富士山の醍醐味の1つであろう。

次にさらに視点を変えて, 足下の環境の違いにも目を向けてみよう。富士山は言わずとしれた火山である。これは富士山周辺の足下はどこも溶岩ということだ。ある地域ではゴツゴツとした岩がむき出しだが, ある地域では土に覆われて溶岩に一見気がつかないようなところもある。だが, いずれの場所も少し地表を掘れば, ザラザラとした目の荒いスコリアが地面を覆っていることが実感できる。水はけのよさゆえに, 大地に降り注いだ雨水はすぐに地下に染みこみ, ふもとの各地で湧水として沸き出し, 富士五湖などの源となっている。

このように富士山周辺の多様な環境を訪れることで各地の自然環境がつながっていると実感できよう。富士山の大地を踏みしめて双眼鏡をのぞきながら, 環境と鳥の関係に想像を膨らませてみてはいかがだろうか。

富士山の優占種たち。左から, 富士山の亜高山帯の森林で繁殖するルリビタキ。高標高地での優占種の1つ(写真4)。夏緑樹林を中心として富士山周辺で広く繁殖する夏鳥キビタキも富士山の代表種(写真5)。富士山全域で優占種のヒガラ(写真6)

写真7: 日の出時の山中湖。富士五湖の水は富士山に降り注いだ雨水の伏流水である

富士山とその周辺 探鳥地ガイド

日本で最初の探鳥会が富士山麓の須走で行われたように，今も昔も富士山周辺は鳥の数も種類も豊富。バードウォッチングが楽しめる場所はそれこそ無数にあるが，観察のしやすさや環境のよさを基準に選んだ，とっておきの27のエリアと，探鳥コースを紹介しよう。

01 朝霧高原 東海自然歩道

雄大な草原と山麓の森をたどる道

静岡県富士宮市
あさぎりこうげん／とうかいしぜんほどう
文・写真●渡邉修治

★BEST SEASON 3・4・5・10

　富士山麓には人の手が入ることで草原の環境が保たれているところが，朝霧高原，東富士演習場，北富士演習場（30ページ）と3か所ある。その中でも朝霧高原は唯一許可なく立ち入りが可能な場所である。東海自然歩道をたどり，森の鳥と草原の鳥の両方を見られるコースを紹介しよう。

　静岡県と山梨県の県境にある県境バス停から東海自然歩道に入る。しばらくは竜ヶ岳（りゅうがたけ）山麓の植林地の中を等高線に沿って歩く。このあたりでは繁殖期にはサシバの「ピックイー」という鳴き声がよく聞かれる。また歩道が沢筋にかかるところではヤマドリの姿を見ることがある。端足峠（はしたとうげ）への道を右に分けて急坂を下るとA沢貯水池である。渓流のない富士山では貴重な水源となっている。時間のないときには，根原のバス停からここまでショートカットすることもできる。

　根原の吊り橋を渡るとしばらく雨ヶ岳（あまがたけ）の裾野をたどる。コルリ，キビタキ，オオルリ，センダイムシクイなどのさえずりを聞きながら広葉樹の明るい気持ちのよい林を歩く。この周辺にはジュウイチ，ツツドリ，カッコウ，ホトトギスの，いわゆるトケン4種すべてが生息している。

　しばらくすると開けた涸れ沢に出る。左にブドウ畑や草原を見送り，再び広葉樹林の中を歩く。パラグライダー用のモノレール乗り場を過ぎると開けた場所に出る。広大な草原が広がり，その中に大根畑が点在している。ここでしばらく草原の鳥を探してみよう。多く見られるのはキジ，ヒバリ，そしてモズ。またノビタキ，コヨシキリ，セッカ，アオジ，ホオアカも見やすいところに止まってくれる。また林縁部を注意して探してみよう。ここはノジコが比較的多いところだ。冬ならハイイロチュウヒが低空を飛び，突然目の前に現れるかもしれない。さらにコミミズクが明るいうちから飛び回り，林縁にはフクロウがじっと佇んでいるかもしれない。上空のオオタカやノスリなどの猛禽にも気をつけたいところだ。ケアシノスリが出現したこともある。

　再び山麓の森の中をたどる道を進む。しばらくすると先ほどの涸れ沢の中を歩くことになる。その先の左手はちょっとした湿地となっていてアシ原が見られ，オオヨシキリが盛んにさえずっている。山側からはクロツグミやイカルの声が聞こえてくる。サンコウチョウが出ることもあり，気が抜けない。ほんの少しの登りの先にあずまやがあり，鳥の声を聴きながら一服するとよい。

　東海自然歩道をさらに南にたどる。この付近の毛無山（けなしやま）の斜面ではクマタカが見られることがあるので，上空に気をつけたい。左手にパラグライダーの着地点の草地やアシ原を見送り，しばらく進むと広大な「ふもとっぱら」に出る。ここから見る富士山は一段と大きく雄大に見える。ここでもホオジロ類を中心とした草原の鳥を楽しめる。「ふもとっぱら」の先を大きく左に折れる。右手に東海自然歩道を見送り直進すれば，国道139号線に出る。

モデルコース

START!!

①
「県境」バス停

🟢 サシバ, ヤマドリ

②
根原の吊り橋付近

🟢 コルリ, キビタキ, オオルリ, センダイムシクイ, ジュウイチ, ツツドリ, カッコウ, ホトトギス

③
パラグライダー用のモノレール乗り場周辺

🟢 キジ, ヒバリ, モズ, ノビタキ, コヨシキリ, セッカ, アオジ, ホオアカ, ノジコ, ハイイロチュウヒ, オオタカ, ノスリ, コミミズク, ハイイロチュウヒ

④
湿地周辺

🟢 オオヨシキリ, クロツグミ, イカル, サンコウチョウ, クマタカ

⑤
ふもとっぱら

🟢 ホオジロ類

⑥
「グリーンパーク入口」バス停
GOAL!!

⏱ 約4時間

若々しい緑の草原が広がる初夏の朝霧高原

麓(ふもと)集落付近のニリンソウ群落

❗ **注意点／**「道の駅朝霧高原」西側の開けた草原地帯は地元の財産区であり，農作業の妨げになるので立ち入らないこと。駐車場は道の駅朝霧高原，毛無山登山者用を利用するとよい。トイレは「県境」バス停付近，麓集落，道の駅朝霧高原にある。
【アクセス】 バス：JR富士宮駅より「県境」バス停まで富士急静岡バス50分。
🚗 車：東名高速富士ICより国道139号線で約40分。
🏛 富士宮市観光課 TEL0544-22-1155 http://www.city.fujinomiya.shizuoka.jp
🚌 富士急静岡バス TEL0545-71-2495 http://www.fujikyu.co.jp
👁 **見どころ／**竜ヶ岳山麓のサシバ(夏)，裾野に広がる草原で見られるホオジロ類(夏)・ハイイロチュウヒやコミミズクなどの猛禽類(冬)

草原の鳥の代表格であるホオアカ

長瀞ダム付近からの富士山

02 朝霧アリーナ 長瀞ダム

静岡県富士宮市

あさぎりありーな ながとろだむ

初夏はアカモズに出会えるかも？早起きして探索したいエリア

★BEST SEASON

1	2	3	4	5	6
■		■		■	■

7	8	9	10	11	12
■					

文・写真 ● 渡邉修治

激減しているアカモズが以前最も多く生息していたところを巡るコース。繁殖期にはアカハラをはじめとしたさえずりのシャワーが楽しめる。ぜひ早起きして歩いてみたいエリアだ。

朝霧高原バス停から国道139号線を富士宮方向に少し戻り、道路標示に従い東に向かう。長い直線道路の先にあるのが朝霧アリーナ（競技場）で、すり鉢状の広い芝生地になっており、野外コンサートやさまざまなイベントが開かれるところである。周囲は落葉広葉樹林に囲まれており、夏鳥の密度が高い。一周1.2kmのアリーナを一回りしてみよう。芝生地ではヒバリ、周りの林ややぶではウグイス、アカハラ、クロツグミ、アオジ、ホオジロが繁殖している。またカッコウやホトトギスも多い。アリーナの西に広がる一帯は以前落葉広葉樹の疎林の中に草地が点在していたところで、オオジシギやアカモズが多く繁殖していた。今はその数を減らしているが、まだ見られる可能性があるので、訪れたらぜひ探してみたい。

アリーナ周辺の鳥を堪能したら県立朝霧野外活動センターに向かう。センターの正門脇をすぐ東に折れ、県道に出よう。このあたりは特にアカハラとクロツグミが多いので、さえずりの盛んな早朝に歩きたい。県道を北に向かい、その先の十字路を東に折れる。公道で車の往来もそれなりにあるので気をつけて歩きたい。200mほど先の三叉路を北東に折れて長瀞ダムを目指そう。左手には別荘跡地、右手には湿地があり、クロツグミ、コムクドリ、アオジ、オオヨシキリ、ウグイスが多い。またこれらの鳥に托卵するカッコウやホトトギスの密度も高い。長瀞ダム周辺は、ごく最近まで毎年アカモズが見られた場所だ。残念なことに観察者やカメラマンの圧力で渡来しなくなってしまった。それでも復活の可能性があるので、探してみよう。見つけても繁殖に影響のないように遠くから観察するのはもちろんのことである。

冬になると、長瀞ダム周辺は猛禽類のポイントでもある。ノスリ、オオタカは比較的よく見られる。瞑

ぜひ出会いたいアカモズ

想するように佇むフクロウを林縁に探してみるのもよい。ハイイロチュウヒが突然目の前に現れることもある。運がよければ夕方コミミズクの舞う姿が見られるかもしれない。可能性は低いが、ケアシノスリが数年に一度渡来する。また、ダムの北には大きな養鶏場があり、クロハゲワシが観察されたこともある。

長瀞ダムの先を右手に折れ、灌木が点在する牧草地の中の農道を行く。ここも以前アカモズが繁殖していたところだ。舗装路に出たら右折し西に向かう。200mほど先で今度は左に折れる。右手には広い牧草地、左手は灌木の点在する荒地が続く。牧草が刈り取られる前ならコヨシキリが間近でさえずっているはず。突き当たりを右折すると西富士霊園の脇を通る。ここもアカモズのポイント。草原に響き渡るカッコウの鳴き声を聞きながら探してみよう。霊園の先で県道に出る。ここを右折すると朝霧野外活動センターに戻る。

モデルコース

START!!

1 朝霧アリーナ駐車場

2 朝霧アリーナ

ヒバリ、ウグイス、アカハラ、クロツグミ、アオジ、ホオジロ、カッコウ、ホトトギス

3 朝霧野外活動センター周辺

アカハラ、クロツグミ

4 長瀞ダムへの分岐付近

クロツグミ、コムクドリ、アオジ、オオヨシキリ、ウグイス、カッコウ、ホトトギス

5 長瀞ダム周辺

ノスリ、オオタカ、ハイイロチュウヒ、フクロウ、コミミズク

6 西富士霊園付近

アカモズ、コヨシキリ、カッコウ

3 朝霧野外活動センター **GOAL!!**

⏱ 約2時間30分

カッコウも高い密度で生息している

⚠ **注意点**／近年個体数が減ったことで急に人気が高まったアカモズだが、カメラマンの巣のぞきにより雛が予定より早く巣立ってしまった（強制巣立ち）こともある。繁殖に影響を与えないように遠くから観察しよう。駐車場は朝霧アリーナにあるほか、長瀞ダムにも駐車スペースがある。トイレは朝霧アリーナにある。

【アクセス】バス：JR富士宮駅より「朝霧高原」バス停まで富士急静岡バス約40分。
■車：東名高速富士ICより国道139号線を北上。約35分。
🏢 富士宮市観光課 TEL0544-22-1155　http://www.city.fujinomiya.shizuoka.jp
■ 富士急静岡バス TEL0545-71-2495　http://www.fujikyu.co.jp/shizuokabus/

◆ **見どころ**／アカモズ（夏）、クロツグミ・コムクドリ・アオジ・オオヨシキリ・ウグイスと、これらの鳥に托卵するカッコウやホトトギス（夏）、長瀞ダム周辺の猛禽類（冬）

03 猪之頭

静岡県富士宮市

文・写真 ● 渡邉修治

★BEST SEASON
1 2 3 4 5 6
7 8 9 10 11 12

清流に響く小鳥のコーラスを聞きながら歩く

陣馬の滝。早春にはカワガラスが巣作りや子育てのために付近を飛び回っている

朝 霧高原の南に位置する猪之頭集落周辺を巡るコース。豊富な湧水を利用してニジマスの養殖やワサビ栽培が盛んなところで、基本的に車道を歩くことになるが、渓谷・森・高原と多様な環境の中で多くの野鳥を楽しむことができる。

猪の頭公園から歩き始めよう。県立富士養鱒場に併設されたレストラン「鱒の家」への案内標識に従って舗装道路を南下すると、すぐ両側が野鳥公園だ。公園はそれほど広くはないが、林の中に芝生地をうまく配してあり、夏はクロツグミ、アカハラ、イカル、コムクドリが、冬はカラ類、トラツグミ、ミヤマホオジロが見やすいところだ。4月中旬から下旬には見事なツツジを楽しむこともできる。

道路に戻り、「鱒の家」を右手に見送り歩みを進めよう。両側に林と畑が混在する環境を歩く。林内ではカラ類やキツツキ類、畑ではタヒバリやホオジロ類を探してみよう。

しばらくすると豊富な水量の芝川に架かる橋を渡る。この川の上流では富士山の豊富な湧水を利用したニジマスの養殖やワサビの栽培が盛んである。橋から上下流を注意してみよう。「ビッビッ」というカワガラスの声が聞こえるかもしれない。2月になれば早くも彼らは繁殖活動を始めているはずだ。

その先の観光ワサビ園をのぞいてみよう。ワサビ田ではタシギが越冬している。稀にアオシギがいることもある。苗が植えられたばかりの草丈の低い疎らなワサビ田を探すのがポイントである。

県道を横断し、道路標示に従い陣馬の滝方向に向かう。人家の中を行く細い道なので車に気をつけたい。陣馬の滝にも寄っていこう。白糸の滝のミニチュア版といったところで、岩盤の間から湧き出た水が落ちている。ここでもカワガラスがよく見られ、繁殖期には巣材や餌をせっせと滝の裏にある巣に運ぶ姿が見られるはずだ。薄暗い環境で、春先のミソサザイのさえずり、冬にはルリビタキやカヤクグリの姿を楽しむことができる。なお、滝手前の左岸の湧水は富士の名水の1つとして人気があり、週末には首都圏から多くの人が訪れる。

陣馬の滝のトイレの先で五斗目木橋を渡り、道なりに右にカーブし、湯之奥林道方向を目指す。集落を抜けると開けた環境に出る。猪

之頭高原だ。ここにはパラグライダーの着地点になっている広い芝生地があり、その周囲に疎林が点在する。冬はツグミ、カシラダカ、ホオジロ、ベニマシコが多く見られる。芝生地にはタヒバリの群れが降りているはずだ。夏ならアオジ、ホオアカが繁殖している。以前は見られたアカモズも探してみたい。

湯之奥林道に突き当たったらT字路を右に折れ、林道を東進する。猪之頭高原を後に涸れ沢を渡り、人家が見えてきたら道標に従い左手の東海自然歩道を北にたどる。ここからはしばらく植林の中を進み、井之頭中学校の脇で右に折れる。このあたりは、夏はキビタキ、オオルリなどのヒタキ類、クロツグミやアカハラなどの大形ツグミのさえずりが楽しめる。サンコウチョウの声を聞くこともある。また多くのコムクドリが繁殖しているので探してみよう。

中学校の正門を回り込むように右に折れ、次いで左に折れると県道414号線に出る。南に進めば、すぐに出発点の猪の頭公園が見えてくる。

カワガラスは早春から繁殖活動を始めている

コムクドリもよく見られる鳥の1つ

❶注意点／ワサビ泥棒と間違えられるので、ワサビ田には立ち入らないこと。駐車場とトイレは猪の頭公園、陣馬の滝にある。食事は「鱒の家」でとれる。
【アクセス】バス：JR富士宮駅より「猪の頭」まで富士急静岡バス約50分。
■車：東名高速富士ICより国道139号線を北上し、ドライブイン「もちや」の先の信号を左折。
富士宮市観光課　TEL0544-22-1155　http://www.city.fujinomiya.shizuoka.jp/kankou/
富士急静岡バス TEL 0545-71-2495　http://www.fujikyu.co.jp
見どころ／陣馬の滝周辺のカワガラスやミソサザイ（早春）・ルリビタキやカヤクグリ（冬）

モデルコース

START!!

❶ 猪の頭公園付近

クロツグミ、アカハラ、イカル、コムクドリ、トラツグミ、ミヤマホオジロ、カラ類

❷ 「鱒の家」付近の林内
カラ類、キツツキ類、タヒバリ、ホオジロ類

❸ 芝川周辺
カワガラス、タシギ

❹ 陣場の滝
カワガラス、ミソサザイ、ルリビタキ、カヤクグリ

❺ 猪之頭高原

アオジ、ホオアカ、アカモズ、ツグミ、カシラダカ、ホオジロ、ベニマシコ、タヒバリ

❻ 東海自然歩道

キビタキ、オオルリ、クロツグミ、アカハラ、コムクドリ

❶ 猪の頭公園
GOAL!!

⏱約2時間30分

04

静岡県富士宮市

田貫湖（たぬきこ）

冬はカモ類と小鳥が同時に観察できる

富士山西麓の標高660mに位置する田貫湖は，農業用水確保のために作られた周囲4km，平均水深8mの人造湖である。探鳥地としてだけでなく，ヘラブナ釣りや，ダイヤモンド富士（日の出や日没時に太陽が富士山頂上の真ん中に重なり，ダイヤモンドが輝くような現象が見られること）の"発祥の地"としても知られる。探鳥の最適期は冬で，カモ類などの水辺の鳥と周辺の林の鳥の両方を楽しむことができる。

湖を一周する遊歩道（サイクリングロード）が整備されており，探鳥はこの遊歩道に沿って歩くのがよい。まず南岸の駐車場から左回り，すなわち東に向かって歩いてみよう。湖面上のカモ類は種によって集結する場所が異なる。レストハウスから長者の橋までの湖面は最も多く集まるところで，キンクロハジロやホシハジロなどの潜水ガモが優先するが，中にホオジロガモやミコアイサの姿が見られることもある。また上空にも注意しよう。ミサゴやノスリ，オオタカなどの猛禽が姿を現すかもしれない。

湖から流出する渓流に架かるのが長者の橋である。付近ではカワセミの姿がよく見られる。また下流から飛来するカワガラスが湖岸に現れることもある。

姫の橋を渡り北に向かうと，道は湖岸から離れ両側は落葉広葉樹の低木となる。ここではカラ類やホオジロ類が出迎えてくれるだろう。ベニマシコの姿が比較的よく見られるのもこのあたりだ。警戒心の強い鳥なので，聞き耳を立て鳴き声で探すのがコツだ。

その先の視界が開けたところで湖面を見てみよう。東岸から西に突き出した半島の北側はカワアイサの群れがよく入っている場所だ。また釣り人が多い護岸の沖にはマガモやヒドリガモなどの淡水ガモがよく集まる。

さらに北岸を北駐車場に向かう。湖面に多いのが，近年急激に数を増やし，田貫湖の最優先種となっているオオバンである。陸側ではサザンカの花にメジロやヒヨドリが群れているだろう。またバンガローの周辺には毎年ジョウビタキやモズの姿がある。

北駐車場の西，長者ヶ岳からの沢が流れ込む一角は水深の関係かカイツブリ，ハジロカイツブリが多い。ここから先は湖側が逆光になるので，右手の落葉広葉樹林のカラの混群をはじめとした小鳥を楽しむのがよい。

湖の西端には観光用のデッキが整備されている。ダイヤモンド富士の撮影ポイントである。それが見られる春と秋の当日は大勢のカメラマンでにぎわう。野鳥も密度が濃いところである。北側の林縁にはルリビタキ，針葉樹にはキクイタダキの姿が見られる。また南の草地にはカシラダカを始めとするホオジロ類が多い。

南岸の芝生地をキャンプ場に向かって歩こう。周りの落葉樹にはエナガに先導されるカラの混群がよく見られる。またアカマツの下ではビンズイが地上採食をしていることもある。

余力があれば，「休暇村富士」の西の渓流沿いに天子の森キャンプ場まで歩いてみよう。ここも冬はホオジロ類，ルリビタキ，カヤクグリなど野鳥の密度が高いところである。渓流にはアオシギの姿が見られたこともある。

★BEST SEASON

1	2	3	4	5	6	7	8	9	10	11	12
■	■	■								■	■

文・写真 ● 渡邉修治

田貫湖ではカワセミの姿もよく見る

ミコアイサ。冬のカモ類観察も楽しい

モデルコース

START!!

1 レストハウス付近
🔎 キンクロハジロ, ホシハジロ, ホオジロガモ, ミコアイサ, ミサゴ, ノスリ, オオタカ

2 長者の橋付近
🔎 カワセミ, カワガラス

3 姫の橋付近
🔎 カラ類, ホオジロ類, ベニマシコ

4 半島付近
🔎 カワアイサ, マガモ, ヒドリガモ

5 北岸周辺
🔎 カイツブリ, ハジロカイツブリ, オオバン, メジロ, ヒヨドリ, ジョウビタキ, モズ, カラ類

6 観光用のデッキ（ダイヤモンド富士の撮影ポイント）付近
🔎 ルリビタキ, キクイタダキ, ホオジロ類

7 南岸周辺
🔎 カラ類, ビンズイ

1 レストハウス付近 GOAL!!

⏱ 約2時間

ダイヤモンド富士撮影ポイントからの富士山

南岸のキャンプ場付近

●注意点／駐車場とトイレは南岸と北岸にある。
【アクセス】バス：富士駅から「休暇村」まで約65分。■車：東名高速富士ICより国道139号線を北上し、馬飼野牧場の手前を左折。突き当りを右折後、案内標識に従い左折すると北岸駐車場に出る。
富士宮市観光課　TEL0544-22-1155　http://www.city.fujinomiya.shizuoka.jp/kankou/　富士急静岡バス　TEL 0545-71-2495　http://www.fujikyu.co.jp
●見どころ／キンクロハジロやホシハジロの群れにいるホオジロガモやミコアイサ（冬）、湖岸の林で見られるカラ類・ホオジロ類（冬）

精進湖

ヤマガラ。西湖野鳥の森公園では間近に観察することができる

溶岩流の上の森らしく、樹海の中はところどころに溶岩が作った起伏が見られる
撮影●BIRDER

05
山梨県富士河口湖町／鳴沢村／身延町
西湖・精進湖・本栖湖

文・写真●峯尾雄太

夏は樹海で小鳥を、冬は湖で水鳥観察を楽しむ

★BEST SEASON
1 2 3 4 5 6 7 8 9 10 11 12

　このエリアでのバードウォッチングは、夏は青木ヶ原樹海散策をメインに、冬は各湖で水鳥探索をメインに行うのがよいだろう。朝霧高原（14〜15ページ）や田貫湖（20〜21ページ）とセットでまわるのもよい。

　樹海の中でコンパスがぐるぐる回ったというような経験はないが、めったなところに立ち入らないよう、駐車場や遊歩道入口がある場所からの散策をおすすめする。西湖コウモリ穴周辺、鳴沢氷穴周辺、富岳風穴周辺、西湖野鳥の森公園の中でポイントを絞ってまわってみたい。

　西湖コウモリ穴周辺は、針葉樹やミズナラなどの広葉樹が密生し、地表が一面コケ類に覆われている樹海らしい森である。夏はクロツグミがさえずり、カラ類、キツツキ類、ウグイス、カケス、カッコウ類との出会いが期待できる。

　西湖野鳥の森公園は青木ヶ原樹海に囲まれた公園で、小鳥たちは餌付けもされていて、巣箱も多く設置されている。カラ類や、キビタキ、ホオジロ、センダイムシクイなどが観察できる。園内のセンターハウスには、レストランや野鳥観察用の望遠鏡を設置した観察室もあるので、休憩に利用するとよいだろう。

　鳴沢氷穴周辺、富岳風穴も周辺に散策路があり、苔むした林でミソサザイのさえずり、クロツグミ、キビタキ、カケス、カッコウ類の声が聞こえてくるだろう。植生維持のため散策路から外れての歩行はしないように。現地のガイドに樹海の植物や歴史などを解説してもらいながら歩いてもよいだろう。

　冬は、西湖、精進湖、本栖湖ともに、湖岸に駐車スペースがある場所でカモ類などの水鳥観察を楽しみたい。西湖は、平成22年に京都大学研究チームの調査で、絶滅したと考えられていたサケ科の淡水魚クニマスの生息が約70年ぶりに確認された

西湖。平安時代初期に起きた貞観大噴火によって、精進湖、本栖湖とともに生じた堰止湖。3湖はもとは1つの大きな湖であったとされる（左）。富岳風穴入口。周囲は樹海に囲まれている　撮影●BIRDER（中）。アトリ（右）

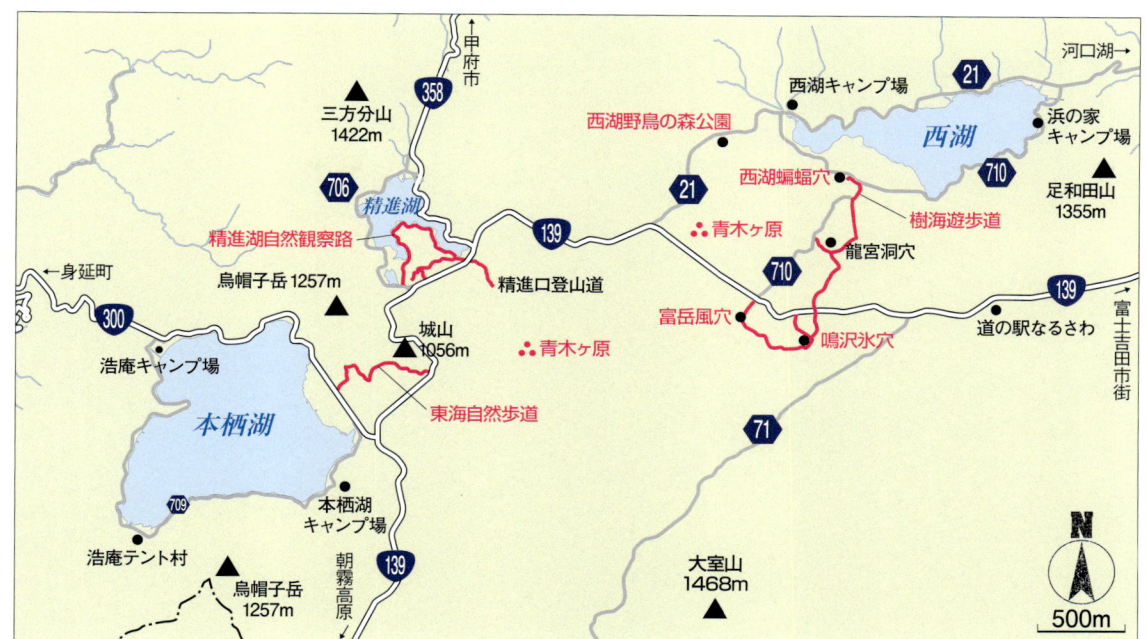

ことで特に知られるようになった。精進湖は，富士山が大室山(おおむろやま)を抱いたように見える"子抱き富士"と呼ばれる絶景が見られるため，観光客が絶えない場所だ。本栖湖は千円紙幣の裏面に描かれた"逆さ富士"の場所として有名である。この3湖は地下水脈でつながっているとされ，湖面水位が連動するそうなので興味深い。どの湖からも樹海越しに見える富士山がとても美しい。

近年，これらの湖では，ほかの湖沼と同様オオバンが増えている。また，キンクロハジロ，ホシハジロ，ハシビロガモなどの常連のほか，ヨシガモ，ホオジロガモ，ミコアイサ，カワアイサにも出会えるであろう。オジロワシも飛来したことがあるので，探してみよう。

🕒 **各ポイントをまわって1日** 🗻

本栖湖。面積では富士五湖の中で3番目だが，水深は121mと5湖中最も深い

青木ヶ原樹海。静寂な森の中に野鳥の声がよく響く

❗ **注意点**／観察ポイントによっては，氷穴・風穴観光用の有料駐車場しかないところもある。入洞料が必要だが，氷穴の冷気を浴びてリフレッシュすれば，さらに気持ちよくバードウォッチングが楽しめるだろう。
【アクセス】バス：富士急行河口湖駅より富士急行バスで約30分，「風穴」または「氷穴」下車。🚗車：中央自動車道河口湖ICより約20分。
🔗富岳風穴・鳴沢氷穴 http://www.mtfuji-cave.com/contents/wind_cave/
■ネイチャーガイドツアーの申し込み TEL 0555-85-3089
👀 **見どころ**／西湖野鳥の森公園のカラ類・キビタキ・ホオジロなど（夏），樹海内のクロツグミ・キビタキ・ウグイス・ミソサザイ・キツツキ類・カッコウ類など（夏），湖面のカモ類（冬）

樹海ではミソサザイのさえずりが響く

奥庭展望台からの景観

06 奥庭・お中道

山梨県鳴沢村
おくにわ／おちゅうどう

亜高山帯の鳥が手軽に観察できる

★BEST SEASON
1 2 3 4 5 6
7 8 9 10 11 12

文・写真 ● 西 教生

メボソムシクイ

奥庭

　富士山北麓の亜高山帯の鳥類を観察する絶好の場所として、奥庭とお中道がある。富士スバルライン（有料道路）で終点の五合目に向かうときに通る御庭のバス停から北西に下った場所が奥庭だ。標高は2,200mほど。むき出しの溶岩とコメツガやシラビソの林、そこにミネヤナギとダケカンバ、ミヤマハンノキが点在している。

　奥庭の展望台までの道すがら、夏はルリビタキとメボソムシクイのさえずりが聞こえてくる。ヒガラとキクイタダキも多い。カヤクグリやウソも見られるだろう。亜高山帯は一般的に、山地帯や草原などと比べて生息している鳥種が少なく、1種類あたりの個体数が多い傾向にある。展望台からは南アルプスと八ヶ岳が眺望でき、眼下には本栖湖や精進湖などが見える。日によっては見事な雲海が広がる。オコジョに出会えたならラッキーだ。

　奥庭の展望台に行く途中には「奥庭荘」があり、富士山のお土産を販売しているほか、宿泊もできる。そのそばにある小さな水場には鳥が水浴びに訪れ、ルリビタキ、メボソムシクイ、ヒガラ、キクイタダキ、ホシガラスなどが間近で観察可能だ。富士山は水場が少ないため、このような場所には鳥がよく集まる。夏になると多くの野鳥ファンがここに撮影に来るが、奥庭荘によりしっかりと管理されているため、今のところトラブルはないようだ。観察や撮影時のマナーを守ることはも

モデルコース

奥庭
START!!

1. 「御庭」バス停
   ↓
2. 奥庭荘(水場)
   ルリビタキ、メボソムシクイ、ヒガラ、キクイタダキ、ホシガラス
   ↓
3. 展望台
   GOAL!!

⏱ 約1時間

お中道
START!!

4. 「五合目」バス停
   ↓
5. お中道
   ルリビタキ、メボソムシクイ、ヒガラ、キクイタダキ、カヤクグリ、ウソ、ホシガラス、ビンズイ、アマツバメ、ウグイス、キジバト、アトリ、マヒワ、ハギマシコ、ツグミ
   ↓
1. 「御庭」バス停
   GOAL!!

⏱ 約1時間30分

御中道

奥庭荘そばの水場で水浴びするホシガラス
撮影 ● 松岡雄治

❶ **注意点**／冬期は積雪や路面の凍結に注意。トイレは「御庭」「五合目」バス停付近にあるが、冬期は閉鎖する。亜高山帯であることから、夏期でも防寒着は必須。軽登山靴で歩くのが望ましい。
【アクセス】 バス：富士急行河口湖駅または富士山駅から富士急行バス「御庭」または「五合目」下車。
■車：中央自動車道河口湖ICから国道139号線を経て富士スバルライン。御殿場方面からは、東富士五湖道路富士吉田ICで降り、富士吉田IC西の信号を南方向に向かうと、富士スバルラインの料金所がある。
🚌富士急行バス　http://bus.fujikyu.co.jp/index.html ■富士急行線　http://www.fujikyu-railway.jp/forms/top/top.aspx ■富士山有料道路 富士スバルライン　http://subaruline.jp/
❷ **見どころ**／奥庭荘そばの水場に集まるルリビタキ・メボソムシクイ・ヒガラ・キクイタダキ・ホシガラスなど(夏)、お中道沿いに咲くコケモモ・ベニバナイチヤクソウ・ウスノキなどの花(夏)

ちろんだが、奥庭荘の厚意で鳥を観察・撮影できるようになっていることを忘れずに。水場に行ったときにはお店の売上げにも貢献してほしいと思う。

お中道

奥庭よりも上部にあるのがお中道だ。標高は約2,300mで富士山をトラバースする道である。アップダウンが少なく道幅も広い。おすすめは富士スバルラインの終点(富士山五合目のバス停)から御庭までの2.5kmほどのコース。林内や開けた場所を含むこのコースでは、奥庭にも生息しているルリビタキ、メボソムシクイ、ヒガラ、キクイタダキ、カヤクグリ、ウソ、ホシガラスのほかに、ビンズイ、アマツバメ、ウグイス、キジバトなどが観察できる。ただし、繁殖期の奥庭やお中道ではイワヒバリは見られない。道沿いに咲くコケモモ、ベニバナイチヤクソウ、ウスノキなどの花が目を楽しませてくれるだろう。

カラマツの紅葉が終わる10月下旬には、見られる鳥の種類は少なくなる。代表的な冬鳥としては、アトリ、マヒワ、ハギマシコ、ツグミなどである。彼らも雪が降ると、ほとんどは山を降りてしまう。冬期の富士スバルラインは通行不能なことが多く、奥庭やお中道へのアクセスは困難だ。なお、奥庭・お中道とも国立公園の特別保護地区であるため、許可なく遊歩道から外れて歩いたり、動植物や岩石を採集したりすることは禁止されている。

秋の精進口登山道

ソウシチョウ

07 精進口登山道

山梨県鳴沢村

しょうじぐち とざんどう

風の音と小鳥のさえずりだけが響く、静寂な登山道

★BEST SEASON
1	2	3	4	5	6	7	8	9	10	11	12
□	□	□	□	■	■	■	□	□	■	■	□

文・写真 ● 西 教生

モデルコース

START!!

① 1合目（鳴沢林道交差点）
▼
② 登山道

🐦 ヒガラ, キビタキ, ゴジュウカラ, キクイタダキ, アカハラ, コルリ, ウグイス, ソウシチョウ, サメビタキ, センダイムシクイ, ヒヨドリ, アオバト, ホトトギス, フクロウ, ルリビタキ, ウソ, メボソムシクイ, ゴジュウカラ, カケス, ツグミ, シロハラ

③ 2合目
GOAL!!

⏱ 登り50分／下り40分

　富士山頂を目指す登山道はいくつかあるが、精進湖を起点とする精進口登山道は5合目で吉田口登山道に合流するまで、歩く人の少ないルートだ。自然林の占める割合が多く、緩やかな登り坂を進みながらの探鳥になる。標高1,300～1,550mほどのところは広葉樹と針葉樹の混交林になっており、多くの鳥類が見られるだろう。

　早春、雪の残る登山道を歩くとキバシリとミソサザイのさえずりが聞こえてくる。オニシバリやアセビの花が咲き始めるのもこの時期。山で鳥たちの活動が活発になるのは初夏だ。トウゴクミツバツツジが咲くころから、ヒガラ、キビタキ、ゴジュウカラ、キクイタダキ、アカハラ、コルリ、ウグイス、ソウシチョウなどがよく見られる。数は少ないが、サメビタキもいるので探してみよう。センダイムシクイやヒヨドリは、当地ではおおむね標高1,400mぐらいのところが分布の上限のようだ。アオバトやホトトギスの声に混じって、昼間、フクロウの声が聞こえることもある。樹洞を双眼鏡で見ると、ムササビが顔を出しているかもしれない。標高約1,500m付近では、ルリビタキやウソなど亜高山帯で繁殖する鳥が生息している。メボソムシクイのさえずりを聞くためには、もう少し登らないといけない。

　落葉広葉樹はブナとミズナラ、カエデ類が多い。林床はスズタケに覆われている部分があり、ときおり、スズタケのやぶから飛び出してくるニホンジカに驚かされる。ここはツキノワグマも生息しているため注意したい。8月下旬になるとムシクイ類が出現し、早くも鳥たちの移動が始まっていることを実感する。

　秋は落葉広葉樹の紅葉が見事だ。オオミヤマガマズミやオトコヨウゾメの葉の色が目を引く。ミズナラやブナの実を求めてカケスがやってくる。貯食のためだろう、ゴジュウカラもブナの実を運んで行く。このころ、大形ツグミ類の群れを見るようになる。マミジロとマミチャジナイは通過し、ツグミとシロハラは越冬している。アカハラは山から降りてしまうようだ。繁殖個体かどうかはわからないが、ルリビタキは冬も残っている。

　雪が降るとスノーシューを使わないと歩行が困難になるため、鳥の観察には適していないかもしれない。膝まである積雪をかき分けて登山道を進むと、キクイタダキやカラ類、カケスなどが見られるが、種類数は少ない。🗻

❶注意点／登山道の両側100mは国立公園の特別保護地区に指定されているため、許可なく立ち入ることは禁止されている。積雪の状況にもよるが、鳴沢林道は冬期（12月上旬～4月下旬）は閉鎖される。軽登山靴で行くのが望ましい。冬期は防寒着とスノーシューが必要。車以外でのアクセスは困難。

【アクセス】車：「ふじてんスノーリゾート」の直前を右折して鳴沢林道に入る。道なりに少し進むと、天神峠で精進口登山道と交差する。

見どころ／（秋）紅葉の時期にブナやミズナラの実を運ぶカケスやゴジュウカラ

08 剣丸尾

アカマツ林に響く小鳥のさえずり

山梨県富士河口湖町　けんまるび

★BEST SEASON：5・6・7・11・12

文・写真●西 教生

溶岩流上に広がるアカマツ林

キビタキ

　富士山北麓の標高1,000〜1,400mあたりは、多くの鳥類が観察できる場所だ。富士山の北側斜面の多くは針葉樹の植林地が占めているが、そんな中、アカマツの自然林が残されている場所が剣丸尾だ。

　吉田口登山道と船津口登山道のあいだに、剣丸尾はある。標高は1,050m。およそ1080年前に富士山八合目から噴出した溶岩流が流れた場所とされ、その上にアカマツ林が発達した。繁殖期の明るいアカマツ林にはヒガラやキビタキ、ミソサザイやオオルリのさえずりが響き渡る。アカマツ林の一部には落葉広葉樹が入り、混交林を形成している部分がある。このようなところではセンダイムシクイやゴジュウカラが見られる。渡り途中のエゾムシクイの姿も見ることがある。樹上や地上を駆けるニホンリスを目にすることもある。5月中旬以降はエゾハルゼミの声が多くなるため、早い時間帯に観察をしないと鳥の声が聞き取りにくくなる。上空を注意しているとノスリが旋回し、アマツバメが飛翔していることがある。

　ミズナラやカエデ類、ツタウルシが落葉する晩秋、ツグミ類が渡来する。シロハラやツグミは当地でも越冬している。ほかには、ミヤマホオジロやルリビタキ、クロジにも会えるかもしれない。カラ類はヒガラ、コガラ、ヤマガラ、シジュウカラが越冬期も見られる。ヒガラとコガラがアカマツの種子をよく貯食するのはこの時期だ。アカマツ林内にはソヨゴが多く生育しており、秋から冬に赤い実をつける。ソヨゴの実を食べるのはヒヨドリとツグミ類だ。ヒヨドリは周年にわたって生息している。アトリとマヒワは年によって渡来数が異なり、まったく見られないときもある。冬期には観察される鳥類の種類数が減り、夏のような賑わいはなくなる。しかし、凜とした空気のなか、小鳥類の地鳴きを聞きながら歩くのも一興だ。

　ところで、溶岩流上のアカマツ自然林内には遊歩道がほとんどない。自然観察に適した場所としては、「河口湖フィールドセンター」がある。セルフガイドシート（大人200円）を購入すると、トレイルを散策できる。敷地内には天然記念物に指定されている溶岩樹型もあり、なかでも船津胎内樹型は一見の価値がある。⊙河口湖フィールドセンターのトレイルの散策のみで1時間ほど

❶**注意点**／遊歩道以外の場所を歩かないこと。船津胎内樹型は別途拝観料が必要。
【アクセス】バス：富士急行線河口湖駅から富士急行バス「船津胎内樹型」下車。■車：中央自動車道河口湖ICから富士スバルライン胎内洞窟入口交差点を左折。東富士五湖道路富士吉田ICから富士スバルライン胎内洞窟入口交差点を左折。
🏠河口湖フィールドセンター　TEL0555-72-4331　http://www.mfi.or.jp/sizen/　■富士急行　バス　http://bus.fujikyu.co.jp/index.html　■富士急行線　http://www.fujikyu-railway.jp/forms/top/top.aspx
🔍**見どころ**／アカマツと落葉広葉樹の混交林で見られるセンダイムシクイ・ゴジュウカラ・渡り途中のエゾムシクイ（夏）、アカマツの種子を運ぶヒガラ・コガラ（晩秋）、溶岩樹型

冬の河口湖フィールドセンター

農道公園付近

時間をかけずに山の鳥から水辺の鳥まで観察できるエリア

09 上吉田(かみよしだ)

山梨県富士吉田市

文・写真 ● 峯尾雄太

☆BEST SEASON
| 1 | 2 | 3 | 4 | 5 | 6 |
| 7 | 8 | 9 | 10 | 11 | 12 |

　富士吉田市の「道の駅富士吉田」周辺の探鳥地である。道の駅を起点にまわれるので、ポイントを絞り、買い物や食事も兼ねての散策もよいだろう。

　道の駅の南東にある富士見公園前信号を南へ進むと、「富士散策公園」の駐車場がある。富士散策公園は比較的新しい公園で、北富士演習場のゲート付近まで足を延ばせば、モズやホオジロなど明るい林を好む鳥のほか、カッコウ類、キビタキ、クロツグミ、キツツキ類がよく見られ、コムクドリやイカルとも出会える。

　富士見公園前信号の北には「富士吉田市歴史民俗博物館」がある。休憩を兼ねて富士山の歴史を見てみるとよい。屋上から眺める富士山もたいへん美しく、樹冠部の鳥を目線で見られることもよくある。ここは大きなアカマツが多

い林で、キクイタダキやヒガラがさえずり、冬はアトリ類やカシラダカがよく採食をしていて、気がつけばカラ類の群れに囲まれていることがある。東側を流れる桂川(かつらがわ)の滝周辺では、3月ごろからカワガラスやミソサザイのさえずる姿がよく見られる。

　鐘山(かねやま)通りを北上すると左に電気機器の工場が見え、その隣に貯水池がある。フェンス越しの観察になるが、カモ類が多く飛来する場所だ。コガモ、ハシビロガモ、ヒドリガモ、ヨシガモ、オカヨシガモ、オシドリ、オオバン、カイツブリなどが見られ、山中湖では見ない種もいる。飛来直後の9月は各種エクリプスの羽衣が見られ、過去にシマアジも観察されている。

　そこから西に進めば農耕地エリア「農道公園」。南北に縦長な水田地帯で、クレソン畑や田んぼでは、

冬はタシギ、イカルチドリ、オオバン、コガモ、セキレイ類などが観察できる。休耕田の低草地では、カシラダカ、ホオジロ、モズが多く、チョウゲンボウやハイタカもよく出現する。過去には、"元旦初見鳥"がコホオアカという年もあった。

　さらに進むと林と草地も点在するようになる。カラ類やアトリ類、キツツキ類に出会ったり、運がよいと足元からヤマシギが飛び立ったりする。

　健脚の人は桂川沿いにさらに下って行けば、カワセミ、カワガラス、キセキレイなどに会えるだろう。「桂川河川公園」付近にはヤドリギがあるので、レンジャク類に会えるかもしれない。近年は樹木の剪定などで相当数のヤドリギが切られてしまったが、まだチャンスがある。この公園付近は駐車スペースがないので注意したい。

モデルコース

START!!

1 道の駅富士吉田

2 富士散策公園
キビタキ, クロツグミ, コムクドリ, イカル, モズ, ホオジロ, カッコウ類, キツツキ類

3 富士吉田市歴史民俗博物館周辺
キクイタダキ, カラ類, アトリ類, ホオジロ類, カワガラス, ミソサザイ

4 貯水池
コガモ, ハシビロガモ, ヒドリガモ, ヨシガモ, オカヨシガモ, オシドリ, オオバン, カイツブリ

5 農道公園付近
タシギ, イカルチドリ, オオバン, コガモ, セキレイ類, カシラダカ, ホオジロ, モズ, チョウゲンボウ, ハイタカ

6 桂川河畔周辺
カワセミ, カワガラス, キセキレイ, レンジャク類, カラ類, アトリ類, キツツキ類, ヤマシギ

1 道の駅富士吉田 GOAL!!

各ポイントを車でまわれば2～3時間。徒歩なら半日程度

道の駅富士吉田の北側に広がる農耕地には, 冬になるとチョウゲンボウがよく見られる

■**注意点**／農道は狭いので, 車の運転, 散策ともに注意し, 農作業中の人に迷惑がかからないようにしたい。

【アクセス】バス：富士急行富士吉田駅から富士急バスで約10分「サンパーク富士」下車, 徒歩3分。
■車：中央自動車道河口湖ICから山中湖方面へ向かい約10分。東富士五湖道路山中湖ICから富士吉田方面へ向かい約10分。
■富士吉田市歴史民俗博物館 http://www.fy-museum.jp/
■道の駅富士吉田 http://www.fujiyoshida.net/forms/top/top.aspx

■**見どころ**／富士吉田市歴史民俗博物館屋上から見える樹冠部の鳥（夏・冬）, 桂川の滝周辺のカワガラス・ミソサザイ（春）, 貯水池に飛来するカモ類（冬）, 農耕地のタシギ・イカルチドリ・カシラダカ・ホオジロ・モズ・チョウゲンボウ・ハイタカ（冬）, 桂川河川公園付近のヤドリギに集まるレンジャク類（冬）

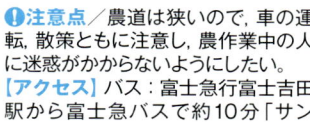

冬のアカマツ林でよく見るカシラダカ

シマアジ。出会えれば幸運だ

富士散策公園付近の樹林

10 北富士演習場

静岡県富士宮市
きたふじえんしゅうじょう

広大なススキ原は野鳥の宝庫

★BEST SEASON
1 2 3 4 5 6 7 8 9 10 11 12

文・写真●峯尾雄太

広大な草原が広がる演習場は、とても1日でまわれる広さではない

　北富士演習場は富士山北麓の富士吉田市、忍野村、山中湖村にまたがる広大な陸上自衛隊の演習場で、日曜祝日などに一般に開放されている。主にススキ原からなる草原地帯で、毎年ではないが、春に野焼きを行い管理されている。

　面積は4,597haあると言われ、すべてをまわると1日で何十kmも移動することになり、ポイントが絞れないので、東西のどちらかに絞ってまわるとよい。演習場内で高低差が100m以上あり、そのため鳥たちの繁殖期も標高によって異なるので、さえずりが盛んな標高に合わせてまわる。また、山菜採集の人が少ないエリアや、野焼きをした後なら、焼け残っている場所を選ぶなど、観察場所選びに工夫をするとよいだろう。場内は網の目のように道が走っていて、ガスで視界不良になり迷ってしまうこともあるが、どのゲートも一番低い場所にあるので気に留めておくとよい。各所にある砲台に登れば眺めがよく、鳥がいそうな植生や地形が確認できる。

　ここで期待したいのは、なんといっても草原性の鳥である。ノビタキ、コヨシキリ、ホオアカが多く、ヒバリもよくさえずる。また、オオジシギの聖地とも言え、ディスプレイフライトも見られる。カッコウ類4種がさえずり、同種同士のバトルや托卵相手に追われる姿も見られるであろう。

　外周道路沿いや低木地帯では、アオジやアカハラがさえずり、林の中でさえずるノジコやキビタキ、センダイムシクイ、クロツグミたちが高原のすがすがしさを感じさせてくれる。枯れ木ではアカゲラが子育てし、コムクドリとの巣穴を巡るバトルもよく観察される。上空ではノスリやハチクマがディスプレイフライトする姿や、アマツバメが風切り音を立て飛翔する姿が見られるであろう。夜にはヨタカの鳴き声も聞こえる。

　冬は、オオマシコ、ハギマシコ、ベニマシコ、ウソが林縁部やハンノキ林、砲台の低草地などに群れで見られることがあるが、年による変動が大きい。ハイイロチュウヒ、ケアシノスリ、コチョウゲンボウ、コミミズクといった冬の猛禽類も期待でき、フクロウがじっと冬枯れの木に止まって餌を探していることもある。過去にはオオカラモズも出現した。

　なお、演習場の開放日は限られているので要確認。あくまでも地元の住民が生業のための立ち入りが許されているところを、他地域住民でも鑑札券を購入することで立ち入りを"大目に見てもらっている状態"であることを忘れないでほしい。鑑札券は年間500円なので、気持ちよく協力して入場していただきたい。自衛隊の演習場であり、不発弾などによる事故も起こらないとは限らないので、無駄に道から外れないように。また、近年、多数のカメラマンが集って巣の周りにレンズを並べているため、雛に給餌ができずにいる親鳥や、おそらく撮影者に"いじめられた"ことで、車でも近づけないほど警戒心が強くなってしまった鳥が増えている。◎半分をまわって1日

枝に止まるケアシノスリ。冬は猛禽類観察がおすすめだ

夏の草原の主役といえるコヨシキリ（左）とホオアカ（右）

❶注意点／演習場の一般開放日は忍野村のホームページ（http://www.vill.oshino.lg.jp/calendar/cal-kitafuji/）から知ることができる。演習場はたいへん広く，探鳥は車の使用が前提。演習場内でよくスタックやパンクしている車を見かけるので，積雪や大雨の後は特に運転に注意し，山内はゆっくりと走ろう。乾燥すると砂煙が舞うので，マスクを用意するとよい。照り返しもすごいので，日焼け対策も必要。トイレはなく，休憩は一度外に出る必要がある。
【アクセス】車：東名高速御殿場ICから約40分。中央自動車道河口湖ICから約20分。
忍野村役場 http://www.vill.oshino.lg.jp/home.html
見どころ／ノビタキ・コヨシキリ・ホオアカなどの草原性の鳥（夏），オオジシギのディスプレイフライト（夏），カッコウ類の托卵をめぐる争いや同種同士の闘争（夏），アカゲラの子育てやコムクドリとの巣穴をめぐる闘争（夏），ノスリ・ハチクマのディスプレイフライト（夏），オオマシコ・ハギマシコ・ベニマシコの群れ（冬），ハイイロチュウヒ・ケアシノスリなどの飛翔や狩り（冬）

11 吉田口登山道

よしだぐち とざんどう

山梨県富士吉田市

古の信仰登山の道を歩く

★BEST SEASON
1 2 3 4 5 6 7 8 9 10 11 12

文・写真● 峯尾雄太

中ノ茶屋周辺のアカマツ・カラマツ林

　富士吉田登山道は，現在1合目から徒歩で富士山頂まで登ることのできる唯一のルートといわれ，大勢の登山者が富士山駅や浅間神社（北口本宮冨士浅間神社）からやってくる。ここでは，富士吉田市によって復活した中ノ茶屋から標高1,450mの馬返までのコースを紹介する。標高が上がるごとに鳥の種類や繁殖のステージが変わるので，変化に富んだバードウォッチングが楽しめる。

　中ノ茶屋周辺は大きなアカマツ・カラマツ林で，富士桜の群生地を含め天然記念物に指定されている。「ふじざくら祭り」の際は大型バスに乗って大勢の観光客が訪れる。

　舗装された馬返までの道路に沿って登山道があるのでそちらを歩く。このあたりでは，夏はキビタキ，センダイムシクイ，コサメビタキ，カラ類，クロツグミが非常に多く，さえずりもよく聞こえる。アカゲラをはじめキツツキ類の姿も見え，ノスリもよく上空を飛んでいる。アカハラやコルリ，ノジコも多かったが，近年は下草刈りが進み，中ノ茶屋周辺ではなかなか姿を見ない。富士桜のためなのか，ごみ投棄対策なのか不明だが，世界遺産になったにもかかわらず鳥が減るのは非常に残念である。この付近は，昔はアカモズも非常に多かったそうだが，今は見られない。

　標高を上げていくと，ホトトギス，カッコウのさえずりもよく聞こえ，ビンズイのさえずりや飛翔も見られる。コルリやヤブサメ，ウグイスも笹やぶのなかでよくさえずり，馬返手前になると，針葉樹林でキクイタダキがホバリング採餌する姿も見られるほか，アカハラの声も聞こえる。イカルやミソサザイ，カケスにも会えるだろう。

　馬返に到着するころには，ルリビタキやメボソムシクイの最下繁殖帯に入っており，また，ジュウイチ，ツツドリ，アオバトがよくさえずっている。鳥が少なければ，少し戻ったり進んだりと，標高を変えてみるとよい。

　冬は同じコースでミヤマホオジロ，カシラダカ，アトリ，マヒワが見られる。年によるが，イスカが群れていることもある。

　馬返から30分ほどで標高1,520mの一合目に着くので，もう少し歩いてみてもよいだろう。スバルライン五合目までは，さらに約2時間45分の行程だ。

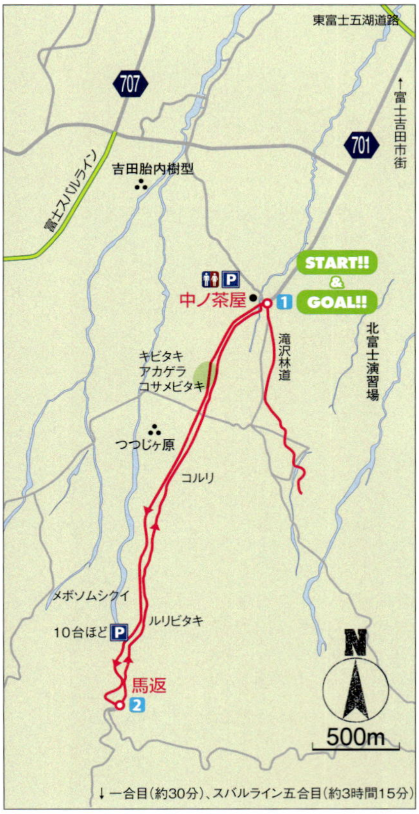

カケスは馬返手前あたりから密度を増す

❗注意点／登山道沿いの林は県指定の天然記念物で，入山が制限されているので道からそれないように。

【アクセス】バス：富士急行富士山駅より馬返バス「馬返し」まで20分。■車：河口湖ICから20分。

🚌馬返バス（富士急山梨ハイヤー）TEL 0555-23-6600
http://bus.fujikyu.co.jp/line/jikokuhyo/34.html
■一般財団法人ふじよしだ観光振興サービス TEL 0555-21-1000 http://www.fujiyoshida.net/forms/top/top.aspx

👀見どころ／標高が上がるごとに変化する野鳥の種類や繁殖のステージ（夏），登山道沿いの森から聞こえるキビタキ・ウグイス・クロツグミ・カッコウ類などのさえずり（夏）

モデルコース

START!!

1 中ノ茶屋周辺
✕ キビタキ，センダイムシクイ，コサメビタキ，カラ類，クロツグミ，キツツキ類，ノスリ，ミヤマホオジロ，カシラダカ，アトリ，マヒワ

2 馬返付近
✕ ホトトギス，カッコウ，ビンズイ，コルリ，ヤブサメ，ウグイス，キクイタダキ，アカハラ，イカル，ミソサザイ，カケス，アオバト

1 中ノ茶屋周辺
GOAL!!

⏱ 往復約3時間

12 忍野村

山梨県忍野村　おしのむら

美しい山村風景の中で，
バードウォッチングを楽しむ

☆BEST SEASON

1	2	3	4	5	6	7	8	9	10	11	12
■	■	■	■	■	■	□	□	□	□	□	■

文・写真 ◉ 峯尾雄太

山中湖（36〜37ページ）の北西にあり，山中湖から車で10分ほど走ると，忍野村に入る。リゾート色の強い山中湖湖畔とは一転，懐かしい山里の風景が広がり，忍野八海（おしのはっかい）で知られる水が豊富なエリアである。決まった探鳥コースはないが，畑地，水田，休耕地，林縁部，桂川（かつらがわ）沿いのポイントで鳥を観察できる。アップダウンはほとんどなく，どこも歩きやすい。

春は忍草（しぼくさ）地区で休耕田をチェックしよう。忍野村役場周辺の草地では，夏はホオジロがさえずり，オオヨシキリやホオアカの姿が見られる。上空にはオオタカ，ハチクマ，ノスリが飛んでいるだろう。カッコウ，ツツドリ，ホトトギスのさえずりも響き，コムクドリもいるので探してみよう。役場付近にはアオサギのコロニーもある。まだ少数のオオジシギも見られるが，もはや“風前の灯”である。林縁部ではアオバトやカケスも姿を見せるだろう。過去にコウライウグイスが出現したことがある。桂川沿いでは，マガモが雛たちを連れて泳いでいる姿が見られるほか，カワセミも見られる。

冬は，内野地区の林縁部，休耕地にタヒバリやカシラダカ，マヒワが多い。ここでは採食しているシメやツグミも見られるし，年によってはアトリも多く，モズのはやにえも数多く観察できる。ベニマシコやミヤマホオジロの数は多くないが，林縁部を探してみるとよい。

養鶏場周辺ではムクドリやスズメ，セキレイが多く，それらの小鳥たちを狙ってチョウゲンボウ，コチョウゲンボウ，ハイイロチュウヒなど冬の猛禽類も集まってくる。内野地区の畑地の一番東側には貯水池があり，マガモやコガモが羽を休めている。桂川沿いにはヤドリギも多く，レンジャク類のホットスポットだ。セブンイレブン付近から「県立富士湧水の里水族館」までの間を探すのがよいだろう。**各ポイントをゆっくり徒歩でまわって半日ほど**

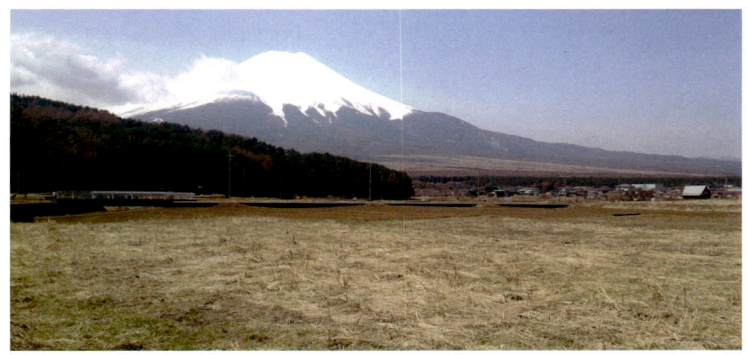

忍野村は富士山のビューポイントが多く，その姿を撮るため早朝から大勢のカメラマンがやってくる

注意点／ポイントごと車でまわってもよいが，駐車スペースがないところもある。
【アクセス】バス：富士急行富士山駅から内野行き路線バス「忍野村役場前」まで約25分。■車：富士五湖道路山中湖ICから約15分。中央自動車道河口湖ICから約20分。
問忍野村役場 http://www.vill.oshino.lg.jp/home.html
見どころ／休耕田に集まるホオジロ・ホオアカ・コムクドリ（夏），忍野村役場付近のアオサギのコロニー（春），桂川沿いのヤドリギに集まるレンジャク類（冬），養鶏場周辺に集まる小鳥たちを狙ってやってくる猛禽類（冬）

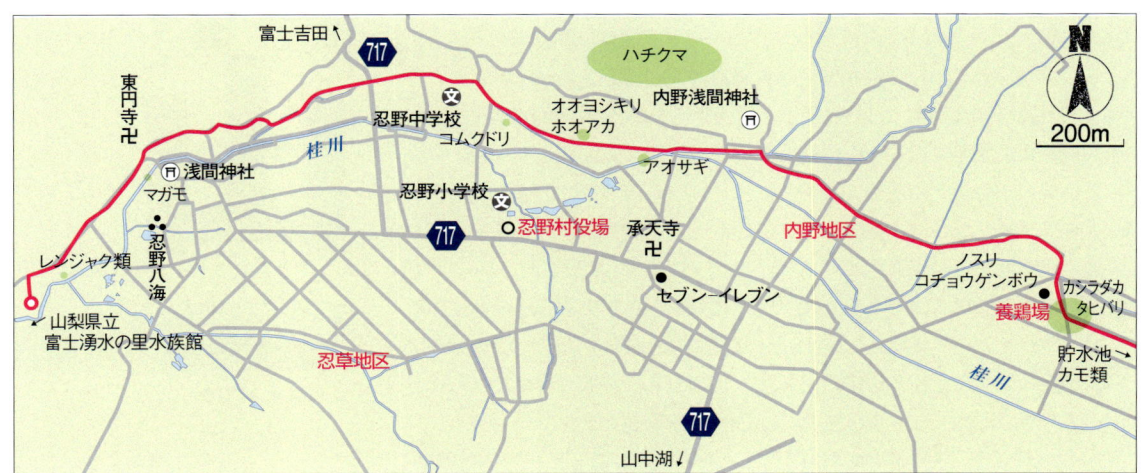

三ツ峠山山頂から富士山を望む

13

山梨県都留市・西桂町
富士河口湖町

みつとうげやま

三ツ峠山

標高で変わる野鳥の種類と植生の変化を感じながら、山頂を目指す

★BEST SEASON
1 2 3 4 5 6 7 8 9 10 11 12

文・写真 ● 西 教生

御坂トンネル側からのルート

　三ツ峠山は富士山の北側に位置する。標高1,785mの開運山と,その周辺の御巣鷹山,木無山の3つの山を総称して三ツ峠山という。年間を通して登ることができ,低山地帯から亜高山帯に生息する鳥類を観察できる。三ツ峠山に登頂するルートはいくつかあるが,今回は御坂トンネル南側からのルートと西桂町の達磨石からのルートを紹介する。

　御坂トンネルの南側から天下茶屋方面に進むと,「三ツ峠登山口」がある。分岐を右折して山頂を目指す。登山口の標高は1,230m。しばらく針葉樹と落葉広葉樹の混交林が続く。このルートは2つの山小屋に物資を運ぶ道でもあるため,山頂直下まで幅2mほどの広い道が続いている。夏はミソサザイ,コルリ,ホトトギス,ヒガラ,コガラなどのさえずりがよく聞かれる。運がいいとヤマドリに出会えるかもしれない。標高1,500mほどの地点に差し掛かると,キバシリやキクイタダキなどが見られるだろう。登山口から約1時間30分で「三ツ峠山荘」に着く。あとは尾根沿いに登って行くと山頂の開運山だ。山頂直下にある山小屋周辺は草原になっているが,いわゆる草原性の鳥は生息していない。早朝や夕方にはしばしばアカハラが観察される。

西桂町からのルート

　西桂町から達磨石を経由して登るルートは,達磨石から山頂まで3時間ほど。御坂トンネル側からアプローチするよりも時間がかかる分,植生の変化にともなう鳥類群集の移り変わりを感じることができる。達磨石の標高は950m。スギの植林地の中を通る道では,沢のせせらぎに混ざってヤブサメやキビタキ,ミソサザイのさえずりが聞こえてくる。すぐに混交林になり,標高1,000mを超えるあたりからゴジュウカラの声がよく聞かれる。昼間でもトラツグミのさえずりを確認できることがある。

　亜高山帯になるとキクイタダキが

多くなり、ルリビタキやウソが出現する。山頂直下の山小屋「四季楽園」を過ぎると15分ほどで山頂だ。三ツ峠山の亜高山帯にはイラモミやジゾウカンバ、サンショウバラなどの分布域の狭い樹木が生育している。これらの樹木も合わせて観察するといいだろう。西桂町からのルートは、富士山を撮影できるポイントも多い。

冬の三ツ峠山で見たいのは、やはりイワヒバリだろう。個体数は多くないものの、繁殖期のほかの山と同様、近くで観察できる鳥だ。アトリやマヒワもよく見られ、年によってはイスカが渡来する。ルリビタキは冬季も高標高域に留まるものがいる。なお、以前は山頂付近でホシガラスが確認されていたが、近年は生息していないようである。

三ツ峠山山頂。頂上まで歩けば抜群の眺望が待っている

西桂町からのルートは、登山道沿いの植生の変化と鳥の種類の変化を楽しみながら歩くことができる

西桂町側から三ツ峠山を望む

注意点／西桂町側からのルートは急坂もある。冬期は積雪や路面の凍結に注意。御坂トンネル側は「三ツ峠登山口」にトイレがある。軽登山靴で行くのが望ましい。

【アクセス】 バス：御坂トンネル側は、富士急行線河口湖駅から富士急行バス「三ツ峠入口」下車。御坂みちを1時間ほど歩くと三ツ峠登山口に着く。「三ツ峠登山口」まで河口湖から季節運行（4〜11月）もある。西桂町側は富士急行線三つ峠駅で下車、達磨石まで徒歩1時間30分ほど。■車：どちらの登山口にも数台程度駐車できるスペースがある。

富士急行バス　http://bus.fujikyu.co.jp/index.html　富士急行線 http://www.fujikyu-railway.jp/forms/top/top.aspx

見どころ／山頂付近の亜高山帯の植生とキクイタダキ・ルリビタキなど（初夏）、針葉樹と広葉樹の混交林内のミソサザイ・コルリ・ホトトギスなど（夏）、山頂付近のイワヒバリ（冬）

モデルコース

御坂トンネル側ルート
START!!
1. 三ツ峠登山口
2. 針葉樹と落葉広葉樹の混交林
    ミソサザイ、コルリ、ホトトギス、ヒガラ、コガラ、ヤマドリ
3. 標高1,500m付近
    キバシリ、キクイタダキ
4. 三ツ峠山荘
5. 三ツ峠山山頂（開運山）付近
    アカハラ
GOAL!!

約2時間

西桂町ルート
START!!
6. 達磨石周辺
7. スギの植林地
    ヤブサメ、キビタキ、ミソサザイ
8. 針葉樹と落葉広葉樹の混交林
    ゴジュウカラ、トラツグミ
9. 四季楽園周辺
    キクイタダキ、ルリビタキ、ウソ、イワヒバリ、アトリ、マヒワ、イスカ、ルリビタキ
5. 三ツ峠山山頂（開運山）付近
GOAL!!

約3時間

ゴジュウカラは標高1,000mを超えたあたりから見られる

14 山中湖

やまなかこ

山梨県山中湖村

富士五湖最大の湖。
ポイントを絞って
鳥を探したい

文・写真◉峯尾雄太

☆BEST SEASON

1	2	3	4	5	6	7	8	9	10	11	12
■	■	■	□	■	■	□	□	□	□	□	■

山中湖は，富士五湖の中では富士山に一番近く，6.8平方kmと最大の面積をもつ。湖面標高も982mと最も高く，天然の湖では全国で3番目に高所にある湖である。

湖畔は1周約13km。大きく分けて西から反時計回りに山中，旭ヶ丘，平野，長池地区がある。各エリアは一部を除いて遊歩道，無料駐車場，多数のトイレが完備されている。ポイントごと車でまわるのもよいが，見える角度や時間で姿を変える富士山や周囲の景色をレンタサイクルや徒歩で，1日かけてのんびりと楽しむのもおすすめである。アップダウンもなく，歩きやすい道だ。

ベストシーズンは，夏鳥が渡来する5月以降，積雪が増え散策しづらくなる前の12月末，レンジャク類の飛来確率が高くなる2月中旬～3月中旬ごろである。

春先，水鳥はめっきり減り，マガモが少数見られるのみだが，保護されている山中湖村の鳥コブハクチョウの繁殖の様子や，渡り途中のノビタキの姿が湖畔の低草地で見られ，山中・旭ヶ丘地区では，湖畔でもキビタキの声が聞かれる。平野地区では，少数(年によって増減はあるが)のホオアカやオオヨシキリが見られる。山中・平野地区でコムクドリが見られ，秋になると旭ヶ丘地区で大きな群れを作ることがある。

オナガは山中・平野地区では湖畔からも見られることがあり，特に山中地区の「スーパーオギノ」の付近は多

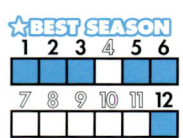

平野地区から富士山を望む

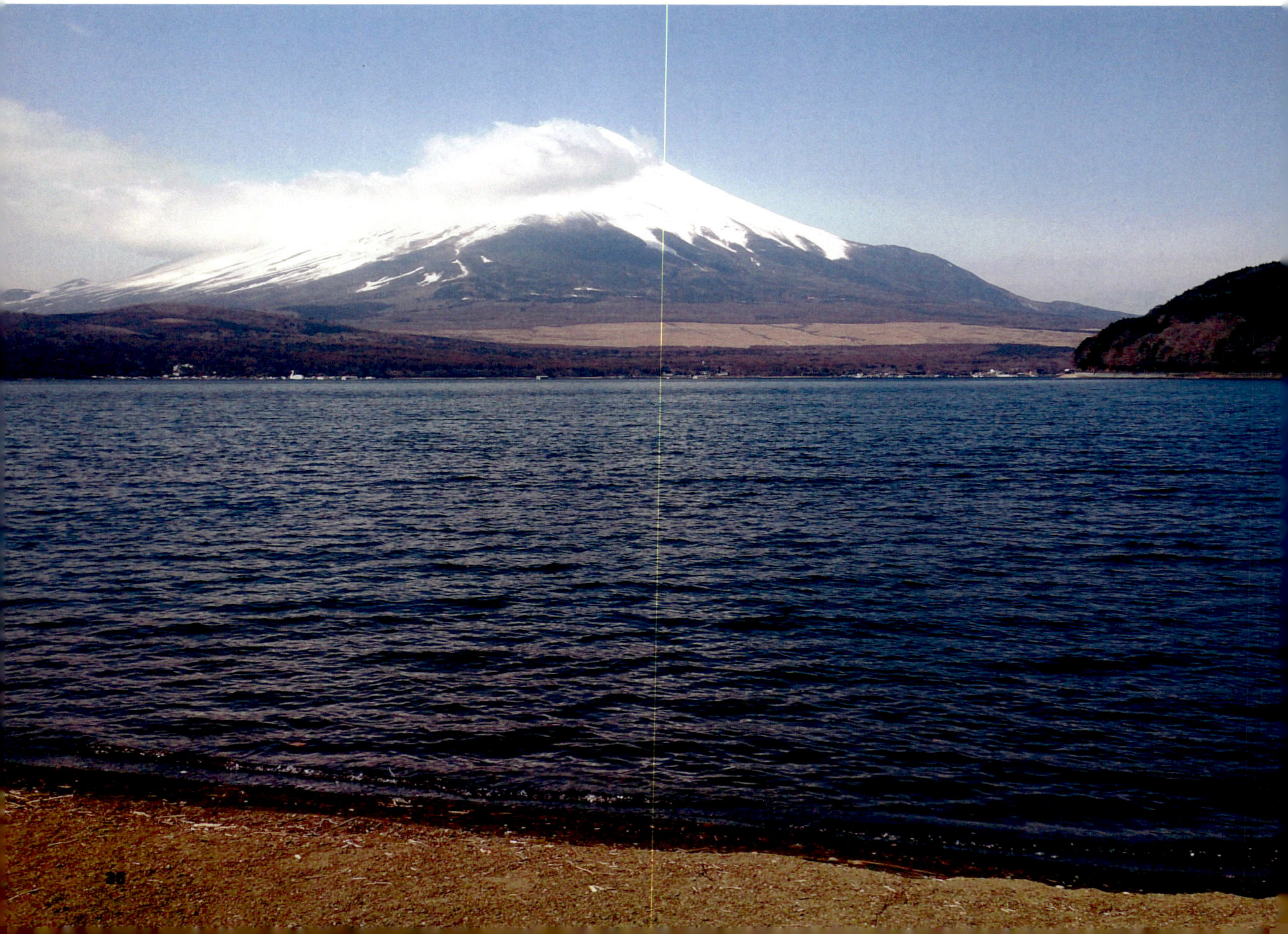

アカハシハジロ（左）。カワアイサは沖に群れていることが多い（中）。冬期、氷の上で休むカモ類。厳冬期には岸から近い距離でこうした場面が見られることがある　撮影● 春森アオジ

いので，買い物や休憩のついでに立ち寄ってみるのもよいだろう。「花の都公園」の美しく植栽された花を愛でながら，ホオアカやアオバトのさえずりを聞いてみるのもよい。なお，山中湖湖畔ではかつて，アカモズやヨシゴイも繁殖していたようである。

冬の山中湖は，カワアイサやホオジロガモ，ヨシガモといった水鳥の観察がおすすめである。水鳥でまず目につくのは湖全体に多く生息するオオバンだ。山中地区にはホシハジロ，ヒドリガモ，マガモが多いほか，ミコアイサ，ハジロカイツブリも見られる。アカハシハジロやコオリガモが飛来したこともある。ヨシガモやホオジロガモは湖南岸に多い。カワアイサはワカサギ釣りのボートを避け湖中央に集中しがちだが，山中・平野地区ではかなり近い距離で見られることがある。薄氷が風で移動すると鳥も一緒に西岸へ近づくことがある。カモ類のディスプレイが盛んな2月は，気温がマイナス2桁台になる日もあり，積雪もあるので装備には注意が必要である。

コブハクチョウに混じり，稀にコハクチョウが飛来していることがある。

かつてはオオハクチョウの飛来もあったようだが，春帰ってしまうオオハクチョウの代わりにコブハクチョウが人為的に入れられたようである。空を見上げればトビ以外にミサゴ，稀にオジロワシも飛来するので期待したい。また，1〜3月，湖周りのケヤキにはヤドリギの実を食べにヒレンジャクが毎年のように飛来し，ときどきキレンジャクの姿も見られる。

山中地区，旭ヶ丘湖畔緑地公園，平野地区では湖畔の小さな林でもカシラダカや，ベニマシコ，シメ，アトリの姿が見られる。平野ワンド，長池親水公園，山中諏訪神社，山中浅間神社，山中湖村役場周辺，マリモ通り沿いなども訪れてみたいポイントだ。

❶注意点／山中湖は年間2,000mmの降水量があるだけに天候が急に崩れるおそれがあり，夏でも気温低下への備えが必要である。
【アクセス】バス：富士急行富士山駅，JR御殿場駅から富士急バス「旭ヶ丘，ホテルマウント富士入口」下車。■車：東富士五湖道路山中湖ICから約10分。東名高速御殿場ICから約30分。
山中湖村役場 http://www.vill.yamanakako.yamanashi.jp/
見どころ／湖周囲のケヤキに集まるレンジャク類（冬），カモ類のディスプレイ（冬）

ポイントを絞り遊歩道をゆっくり歩いて観察すると2〜3時間

15 旭ヶ丘
山梨県山中湖村

小鳥のさえずりを聞きながら別荘地を歩く

★ BEST SEASON
1 2 3 **4 5 6** 7 8 9 10 11 **12**

文・写真 ● 峯尾雄太

4月下旬～5月中旬は小鳥たちのさえずり響き渡る別荘地内の道

冬の主役は何といってもオオマシコだ

イカルは大洞の水場にも現れる

愛らしいエナガとの出会いにも期待したい

　旭ヶ丘は山中湖の南側,標高1,000m強の場所にある別荘地で,カラマツと落葉広葉樹林に囲まれた静寂な場所だ。1年を通して多くの野鳥が観察できるが,おすすめは夏鳥が渡来したばかりの4月下旬～5月中旬である。

　旭日丘交差点近くのセブンイレブン横にある無料駐車場に車を停め,中央公民館への案内標識がある道路へ入り,南に伸びる緩やかな登り坂をゆっくり歩きはじめる。上空にはイワツバメやトビの姿が見られるだろう。間もなくキビタキのさえずりが聞こえてくる。オオルリやアカハラはめっきり減ってしまったが,キビタ

38

キの個体数はとても多い。メジロやコサメビタキの姿も見られ, ウグイス, ホトトギスのさえずりも聞こえる。未舗装の道路上ではよくクロツグミが採食をしている。近年はガビチョウやソウシチョウの声も聞くようになった。

国道138号線を横断してから四つ角を左へ曲がると, 緩やかな下りと登りが続く。キビタキやキツツキ類, カラ類を見ながら五差路を右へ。エナガやセンダイムシクイ, ミソサザイのさえずりを聞きながらしばらく登りが続く。

10分ほどで右手に祠が見える。ここから沢へ下ったところに大洞の水場がある。過去にはヤイロチョウが出て大騒ぎになった場所である。かつてはよく見られたマミジロは近年ほとんど見られなくなったが, イカルやツツドリ, カッコウ, ヤブサメの声が聞こえてくるだろう。水場でじっと待ち, 餌やりで手乗りになったヤマガラ, コガラを間近な距離で楽しみ, オオルリやカラ類, クロツグミの水浴び姿を見たら, 来た道を戻る。

合わせて, 「三島由紀夫文学館」周辺の文学の森散策路での探鳥もおすすめだ。駐車場からは徒歩で10分ほどである。人工の沢が造られており, キツツキ類, キクイタダキ, クロツグミ, トラツグミが姿を現し, 上空にはハイタカやノスリ, ハチクマが飛んでいることもある。

頭上の針葉樹ではキクイタダキのさえずりが聞こえるだろう。ノジコが見られるのもこの場所の魅力の1つである。休憩を兼ねて文学館で芸術にふれてみるのもよいであろう。真夏は幼鳥が増えるため, 出会うチャンスも多くなる。コムクドリの群れに出会えるかもしれない。

秋は, 移動中の鳥たちが立ち寄るため, ヒタキ類やツグミ類がミズキの木に群がっていることもある。冬にはアトリ, マヒワ, オオマシコ, ベニマシコ, ミヤマホオジロ, ヒレンジャク, ルリビタキが見られる。

未舗装の道路。クロツグミが採食していることがある

クロツグミ

❶注意点／大洞の水場周辺の道路は, バードウォッチャーやカメラマンの車が原因で通行障害が発生したため, 駐車禁止となっており, 湖畔駐車場に止めて徒歩移動となる。今後水場へ立ち入り禁止にならないよう, 付近の住人に対して迷惑行為をしてはならない。水場では鳥たちの繁殖の妨げにならないよう, 近づき過ぎず, 静かに観察しよう。また繁殖期は, 手乗りのヤマガラ, コガラへの餌やりは望ましくないので慎むように。積雪, 大雨の後などは道が荒れていることがあるほか, 近年クマやイノシシ, シカの出現も増えているので注意が必要。

【アクセス】バス：富士急行富士山駅, JR御殿場駅より「旭ヶ丘, ホテルマウント富士入口」下車。■車：東富士五湖道路山中湖ICから約10分。東名高速御殿場ICから約30分。

📧 山中湖村役場　http://www.vill.yamanakako.yamanashi.jp／三島由紀夫文学館　http://www.mishimayukio.jp

👁見どころ／大洞の水場へ水浴びにやってくるオオルリ・クロツグミ・カラ類（夏）, 別荘地内のキビタキ・クロツグミなど（夏）, 文学の森散策路で見られるコムクドリの群れ（夏）, 大洞の水場の人慣れしたヤマガラ・コガラ（通年）

モデルコース

START!!

1 湖畔の無料駐車場

2 キビタキ, メジロ, コサメビタキ, ウグイス, ホトトギス, クロツグミ, イワツバメ, ガビチョウ, ソウシチョウ

3 キツツキ類, カラ類, キビタキ, エナガ, センダイムシクイ, ミソサザイ

4 大洞の水場 **GOAL!!**

⏱大洞の水場滞在を含め, 3〜4時間

パノラマ台付近の草原から望む富士山と山中湖

16 三国峠・パノラマ台

山梨県山中湖村
みくにとうげ／ぱのらまだい

雄大な富士山の眺望と草原の鳥を楽しめる

☆BEST SEASON
1 2 3 4 5 6 7 8 9 10 11 12

文・写真●峯尾雄太

　湖畔の平野地区から県道山中湖小山線を上ると、三国峠の中腹にパノラマ台がある。快晴時には富士山はもちろん、南アルプスまで眺望できる人気のスポットだ。カメラマンや観光客が大勢来るが、貴重な草原性の鳥に出会える場所でもある。

　山中湖畔から三国峠までの道路ではコムクドリとの出会いに期待したいが、脇見運転には注意。パノラマ台に到着すると駐車場があるので、そこから舗装路を車に注意しながら峠付近まで歩くのがよい。健脚者は峠から30分程度でたどり着ける三国山登頂もおすすめ。登山道沿いのススキや、枯れ木の樹上でさえずる鳥たちの姿が見られるであろう。

　パノラマ台からの登山道は2つある。明神山を経て三国山頂へ続く道をゆっくり鳥がいるところまで登るか、一段下の枝道を少し進んでみよう。ここは自衛隊演習場のように立ち入り制限はないので、平日も草原性の鳥たちを見られる。ただし山中なので、ガスも多く、天候の急変に注意したい。

　ノビタキ、ホオアカ、ホオジロが主役であり、ヒバリもよくさえずっている。アオバトのさえずりもよく聞こえ、樹冠部に止まっている姿も見られる。数は減ったがビンズイがさえずりながら飛翔し、林縁部ではコサメビタキがよくフライングキャッチしている。キジの声もよく

聞く。ほかにもカッコウ類や，林の中ではキビタキ，センダイムシクイ，クロツグミの姿も期待できる。特に谷間付近の林と草地の境目で多くの鳥に出会える。カラ類はさえずりのほか，家族群にもよく出会う。上空ではアマツバメやイワツバメ，ノスリの飛翔する姿が見られるだろう。また，山中湖からよくミサゴが魚をつかんで，山を越えていく。

　冬は鳥の数は寂しいが，ベニマシコ，ウソ，マヒワ，イカルが林縁部にいる。カシラダカやアトリ，マヒワの群れに会うこともあるだろう。ノスリ，ケアシノスリも出会いは少ないが期待できる。

三国峠へ続く車道沿いではコムクドリとの出会いに期待したい

モデルコース

START!!
① パノラマ台駐車場
↓
② 三国峠
　コムクドリなど
↓
③ パノラマ台周辺の草地
　ノビタキ，ホオアカ，ホオジロ，ヒバリ，アオバト，ビンズイ，コサメビタキ，キジ，カッコウ類，キビタキ，センダイムシクイ，クロツグミ，カラ類，アマツバメ，イワツバメ
↓
① パノラマ台駐車場 **GOAL!!**

⏱ 約2時間

❶注意点／アップダウンがあるので足元の装備は万全に。道幅が狭い場所があるので，車の運転は注意。駐車場やトイレはパノラマ台にある。
【アクセス】バス：富士急行富士山駅，JR御殿場駅より「旭ヶ丘，ホテルマウント富士入口」下車。
■車：東富士五湖道路山中湖ICより約10分。東名高速御殿場ICより約30分。
山中湖村役場　http://www.vill.yamanakako.yamanashi.jp/
❷見どころ／三国峠までの車道沿いに現れるコムクドリの群れ（通年），アオバトのさえずり（夏），コサメビタキのフライングキャッチ（夏），カシラダカ・アトリ・マヒワの群れ（冬），魚をつかんで山を越えていくミサゴ（通年）

上空にノスリが現れることもある

富士山で使いたい！
野鳥を見る・撮るならこの道具！

（観察に撮影に……さまざまなスタイルに対応）

野鳥をはじめとするすべての自然観察シーンで
活用されているコーワ双眼鏡・スポッティングスコープ

世界中のバードウォッチャーの"眼"として愛され続けて60年以上。この歴史こそがコーワブランドの信頼の証です。双眼鏡が4シリーズ18機種。スポッティングスコープは4シリーズ8機種。さらにカメラレンズとしてもスポッティングスコープとしても使用できるテレフォトレンズスコープが1機種。また、iPhone4/4S/5/5S、GALAXY S4を装着して、手軽に超望遠野鳥撮影を楽しむためのアダプターや、本格的に野鳥撮影を楽しめる超望遠撮影アイテムも豊富に用意し、さまざまなシーン・用途で野鳥や自然を満喫できるラインナップになっております。

BD42XD PROMINAR

対物レンズにXDレンズ*を採用し、"見え"にこだわったハイスペック双眼鏡。広い視野で鮮明に観察ができ、また、最短1.5mからピントが合う光学設計なので、近くの植物・昆虫なども大きく観察できる。口径30mmクラス並みのコンパクトなショートボディで携帯性も抜群。（防水型）

BD42-8 XD PROMINAR 8x42
　　　　　　　　　　　　50,000円（税別）
BD42-10 XD PROMINAR 10x42
　　　　　　　　　　　　52,000円（税別）

PROMINAR 500mm F5.6 FL

対物レンズにフローライトクリスタル**とXDレンズ*を採用し、"抜群の描写力"を誇る超望遠レンズ。マウント交換方式により数社の一眼カメラに対応。オプションのマウントアダプターを交換すると焦点距離350mm F4、850mm F9.6のレンズとして、また、プリズムユニットとアイピースに交換するとスポッティングスコープとしても使用可能。（防滴型）

PROMINAR 500mm F5.6 FL 標準キット
　　　　　　　　　　　　285,000円（税別）

TSN-770 シリーズ

対物レンズに77mmXDレンズ*を採用。"明るさとコンパクトさの両立"を実現したハイクラススポッティングスコープ。アイピース（別売）を交換することにより、25倍〜60倍の高倍率で観察できる。デジタルカメラを装着しての超望遠撮影「デジスコ」に対応するアダプターも充実。（防水型）

TSN-773 PROMINAR 傾斜型
　　　　　　　　　　　　160,000円（税別）
TSN-774 PROMINAR 直視型
　　　　　　　　　　　　150,000円（税別）

※詳細や他の機種については、下記にお問い合わせください。

*eXtra low Dispersion lens：色のにじみを抑えるレンズ　**蛍石

Kowa 興和株式會社 興和光学株式会社

URL:http://www.kowa-prominar.ne.jp
e-mail:info@kowa-prominar.ne.jp

興和光学(株) 〒103-0023 東京都中央区日本橋本町4-11-1
Tel:03-5614-9540

17

静岡県御殿場市

富士山御胎内

ふじさん おたいない

溶岩が作り出した奇岩や洞穴も必見！

★BEST SEASON
1・2・3・4・5・6・12

文・写真 ● 渡邉修治

モデルコース

START!!

① 野鳥の森散策コース入口

↓

② 野鳥観察エリア

🐦 センダイムシクイ, クロツグミ, オオルリ, キビタキ, コサメビタキ, サンコウチョウ, アカハラ, クロツグミ, アオゲラ, アカゲラ, コゲラ, カラ類, カッコウ, ツツドリ, エナガ, シジュウカラ, コゲラ, ホオジロ, カシラダカ, ジョウビタキ, ウソ

↓

③ 御胎内（印野の溶岩隧道）

GOAL!!

⏱ 約1時間

「富士御胎内清宏園」は富士山の南東山麓の標高700mに位置し，溶岩流上の落葉広葉樹の森である。園内にある溶岩隧道「御胎内」は国指定の天然記念物で古くから信仰の対象とされ，胎内神社は安産の守り神として知られている。フジザクラ，ツツジ，そして秋には紅葉を楽しむことができる。また東富士演習場の縁に残されたこの森は，御殿場市から「野鳥の森」に指定されている。

御胎内のベストシーズンは何といっても初夏，夏鳥が渡来した直後である。落葉樹の葉が繁る前，鳥の見やすい時期に訪れたい。繁殖期はさえずりが鳥探しの基本である。開園時刻の8時30分には入園したい。案内所で渡された園内マップにある野鳥の森散策コースを歩くことにする。野鳥看板の前を右手にとる。林床には下やぶがほとんどなく歩きやすい。コースもよく整備され，番号のついた標識通りに歩けば迷うことはない。森に入ると，すぐに渡来の早いセンダイムシクイやクロツグミのさえずりが降ってくるはずだ。比較的短いコースだが一周するだけでオオルリ，キビタキ，コサメビタキ，サンコウチョウのヒタキ類，アカハラ，クロツグミ，アオゲラ，アカゲラ，コゲラ，カラ類，カッコウ，ツツドリなどの夏鳥をひととおり見ることができる。

冬の御胎内もよい。エナガ・シジュウカラ・コゲラの混群，ホオジロ，カシラダカ，ジョウビタキ，ウソが期待できる。運がよければ園を取り囲む針葉樹の中で"瞑想"するフクロウに出会えるかもしれない。

御胎内にもぜひ立ち寄ろう

サンコウチョウの密度も高い

❗ **注意点**／富士御胎内清宏園（開園時間2〜10月8：30〜17：00，11〜1月8：30〜16：00）。入園料150円。駐車場あり（無料）。トイレは園内3か所にある。

[アクセス] バス：JR御殿場駅から富士急バス印野本村行きで約20分，「富士山樹空の森」下車，徒歩10分。🚗 車：東名高速御殿場ICから約20分。

🏠 富士御胎内清宏園　　TEL0550-89-4398

👁 **見どころ**／渡来直後のヒタキ類（初夏），エナガ・シジュウカラ・コゲラの混群（冬），溶岩隧道「御胎内」

18 十里木高原〜須山口登山道

静岡県裾野市

じゅうりぎこうげん〜すざんぐちとざんどう

湧水地をたどりながら登る歴史ある登山道

　自動車の発達によってすっかり廃れてしまっていた須山口の富士登山道が、地元の有志によって整備された。探鳥コースとしても魅力的なところであり、ぜひ歩いてみたい。富士山は火山噴出物であるスコリアに覆われているため、雨水は地中に浸透してしまい、水場といえるものはほとんどない。そんな中にあって須山口登山道沿いには多くの湧水があり、貴重な水源となっている。そのためか野鳥の密度が特に濃いようである。おすすめは何といっても繁殖期であるが、越冬期も捨てがたい。

　「裾野市立富士山資料館」東の登山道入り口から歩き始める。登山道の東には陸上自衛隊東富士演習場の広大な草原が広がっている。まずはここで草原の鳥を探してみよう。少し距離はあるが、ノビタキ、コヨシキリ、ホオアカ、アオジなどが見られるはずだ。カッコウやオオジシギのディスプレイフライトも間違いなく見ることができるだろう。冬ならハイイロチュウヒに期待したい。

　登山道ははじめは落葉広葉樹の疎林の中を進む。傾斜は緩く平坦で歩きやすい。途中何か所か富士山のビューポイントが設けられている。雄大な富士を眺めながらの探鳥は気持ちがいい。ここではアカゲラ、アオゲラ、クロツグミ、キビタキ、オオルリ、そしてカラ類が迎えてくれる。標高1,000m近い場所なのにサンコウチョウが見られる。冬なら演習場との間のブッシュに、ベニマシコやウソの姿を目にすることができる。

　登山道はいったん車道に出るが、すぐに涸れ沢沿いの林内を行くようになる。このあたりから林床の笹やぶが目立つようになる。増えたシカによる食害のため、富士山麓一帯では笹やぶが消えつつあるが、ここではまだ健在である。そのためソウシチョウの姿が目立つ。沢沿いにしばらく歩くと「弁当場」に出る。源頼朝が富士の巻狩りをしたときの将兵の幕営地で、炊事万端の基地であったため、この場所を弁当場と呼んだそうである。ここは豊富な湧水があり、裾野市の水源となっている。また富士の名水の1つとして知られ、週末は水汲みに訪れる人が絶えない。

　「弁当場」から道は沢の右岸に渡り、沢沿いの荒れた林道を歩くことになる。鳥影は非常に濃く、ミソサザイ、クロツグミ、アカハラ、トラツグミ、コルリ、ヤブサメ、ウグイス、センダイムシクイ、キビタキ、オオルリ、カラ類、ホオジロ、アオジ、イカルと枚挙に暇がない。このあたりで特に気をつけて探したいのがマミジロ、コルリ、ノジコである。マミジロは富士山麓の中でも最も密度が濃いように思われる。ソウシチョウと生息環境が競合すると思われるコルリもまだまだ多い。ノジコは林道両側の林縁の枝先でさえずっていることが多い。

　林道終点から左手の台地に上がり、落葉広葉樹林のササの中の道を行く。相変わらず鳥は多い。しばらくすると頭上に高圧線が見えてくる。ここからは傾斜が急になる。探鳥コースはここから引き返すことになるが、足に自信のある人は、コマドリの待つ標高1,400mの水ヶ塚を目指してもよいだろう。

★BEST SEASON
| 1 | 2 | 3 | 4 | 5 | 6 | 7 | 8 | 9 | 10 | 11 | 12 |

文・写真● 渡邉修治

本コースの冬の主役ベニマシコ（上）と、夏の主役マミジロ（下）

モデルコース

START!!

① 須山口登山歩道入り口

② ノビタキ, コヨシキリ, ホオアカ, アオジ, カッコウ, オオジシギ, ハイイロチュウヒ

③ 水場付近

アカゲラ, アオゲラ, クロツグミ, キビタキ, オオルリ, カラ類, サンコウチョウ, ベニマシコ, ウソ

④ 弁当場付近

ミソサザイ, クロツグミ, アカハラ, トラツグミ, コルリ, マミジロ, ヤブサメ, ノジコ, ウグイス, センダイムシクイ, キビタキ, オオルリ, カラ類, ホオジロ, アオジ, イカル

⑤ 折り返し地点 GOAL!!

⏱ 往復約3時間, 水ヶ塚までは約3時間半

水ヶ塚 1400m

折り返し地点 **⑤ GOAL!!**

平塚 1099m

登山道は演習場の草地との林縁に沿って続いている

← 富士宮口五合目

弁当場付近 **④**

弁当場

旧料金所跡

南富士エバーグリーンライン

陸上自衛隊東富士演習場

③ 水場付近

②

水場

十里木別荘地

裾野市立富士山資料館 **①** **START!!**

忠ちゃん牧場

富士サファリパーク

469

← 富士・富士宮市 　　　　　　 御殿場 →

500m

⚠ **注意点**／駐車場は富士山資料館東にある。トイレは忠ちゃん牧場, 十里木越前岳登山道にある。【アクセス】バス：JR御殿場駅から富士急バス「忠ちゃん牧場入口」下車。約35分。 🚗車：東名高速御殿場ICから約20分, 東名高速裾野ICから約15分, 新東名高速新富士IC, 東名高速富士ICより約30分。 ℹ 裾野市観光課　http://www.susonokanko.jp/

👁 **見どころ**／オオジシギやカッコウのディスプレイフライト（夏）, 弁当場付近の沢にいるマミジロ・コルリ・ノジコ（夏）, 演習場との境目付近にいるベニマシコ・ウソ（冬）, ハイイロチュウヒの狩り（冬）

雪の須山口登山道から望む富士山

19 富士山こどもの国・越前岳

静岡県富士市・裾野市 ふじさんこどものくに／えちぜんだけ

★BEST SEASON 1 2 3 4 5 6 7 8 9 10 11 12

文・写真 ● 渡邉修治

繁殖期にノビタキとオオジシギが見られる

越前岳登山道展望台からの富士山

越前岳上空を飛ぶサシバ

「富士山こどもの国」は富士山の南東、標高800〜940mに広がる約95haの公園である。「草原の国」、「水の国」、「街」の3エリアからなる。人工的に作られた環境であるが、野鳥の密度は高く、遊歩道も歩きやすく整備されている。繁殖期にノビタキとオオジシギが見られる貴重な場所でもある。野鳥の生息が期待できる「森の国」エリアの整備が待たれる。

探鳥は人の少ないクロスカントリーコースをたどる。冬なら入園者のほとんどが「雪の丘」に集中するので静かな鳥見ができる。入園時に配布される「わくわくマップ」を手に歩き出そう。街の広場から北に向かい、⑩の標識からクロスカントリーコースに入り、標識の番号順にたどる。ヒノキの植林のそばや、ツツジに囲まれた遊歩道ではカラ類、ホオジロ類が迎えてくれる。ここの最優先種はキジだ。冬ならそれにホオジロとツグミが加わり、遊歩道の脇から次々と姿を現す。また、春先にはツツジの枝先で花芽をついばむウソの姿が見られる。「わんぱくの森」の小さな池には少数だがカモが入るのでのぞいてみよう。

⑲の標識からは放牧場やパークゴルフなどの開けた環境となる。こどもの国は秋のタカの渡りのコース上にあたっている。秋は上空に気をつけたい。サシバやハチクマが西を目指して渡っていく姿が見られるかもしれない。

㉕標識付近は山野草が移植された「花の谷」で、夏はノビタキ、コヨシキリ、ホオアカなどが見られるところだ。朝夕には上空でにぎやかに鳴きながらディスプレイフライトをするオオジシギが見られる。ここからコースは「草原の国」の西端を南に向かう。ここは未整備の広大な「森の国」の端に当たり、鳥影の濃いところだ。カラ類やキクイタダキ、ホオジロ類、アトリ類が見られる。ここまで来ると街はすぐそこだ。

街でひと息ついたら水の国を回ってみよう。標識①から東に階段を急降下すると池のそばに立つ。時計回りに池を一周する。カワウ、アオサギ、カルガモの姿がある。夏なら池の周りの砂礫地でコチドリが繁殖していることがある。またカワセミが池の縁で水面を見つめているかもしれない。

池をひと回りしたら標識③から森に入る。「森の国」が未整備の現在、森林の鳥が最も期待できるのが、この「湿性の森」だ。ゆっくりと時間をかけて鳥を探したい。キツツキ類、カラ類、大形ツグミ、そして林

縁にはアオジやノジコの姿が見られるかもしれない。またここではトラツグミが繁殖している。薄暮の時間帯にはさえずりが聞かれるはずだ。

こどもの国入口から約1.5km御殿場よりに越前岳登山口がある。越前岳はタカの渡りの観察地として知られ、駐車場から整備された登山道を20分も登れば展望台に着き、裾野を広げた雄大な富士山が目の前に望める。秋の渡りの時期には、右手上空から次々とタカが現れる。

富士山こどもの国は、繁殖期のオオジシギが見られる数少ない場所の1つだ

モデルコース

富士山こどもの国 START!!

1. 街の広場 
2. カラ類、キジ、ホオジロ類、ツグミ
3. 放牧場周辺 — サシバ、ハチクマ
4. 花の谷付近 — ノビタキ、コヨシキリ、ホオアカ、オオジシギ
5. 草原の国 — カラ類、キクイタダキ、ホオジロ類、アトリ類
1. 街の広場
6. 水の国周辺 — カワウ、アオサギ、カルガモ、カワセミ、コチドリ
7. 湿性の森 — キツツキ類、カラ類、大形ツグミ類、アオジ、ノジコ、トラツグミ
1. 街の広場 **GOAL!!**

約2時間30分

こどもの国から望む越前岳

越前岳登山道 START!!

1. 越前岳登山口 
2. 展望台 **GOAL!!**

ハチクマ、サシバ、ノスリ

往路約20分

越前岳マップ
十里木／越前岳登山口 START!! ／富士宮／展望台 GOAL!!／越前岳山頂／469／御殿場／100m

富士山こどもの国マップ
展望の丘／パオ集落／レストハウス／草原の広場／爆裂火口／草原の国／パークゴルフ場／標識⑱／標識⑲／4 花の谷／3 放牧場／溶岩谷の遊び場／雪の丘／わんぱくの森／5／草原の迷宮／標識⑩／クロスカントリーコース／2／森の国（未整備）／START!! & GOAL!! ／標識①／池／6 水の国／御殿場／1 街の広場／標識③／7 湿生の森／469／富士宮／100m

! **注意点**／富士山こどもの国は要入園料（大人800円、中学生400円、小学生200円、小学生未満無料）。割引券はHPまたは付近の道の駅などで入手可能。営業時間／4～9月 9：00～17：00、10～3月 9：00～16：00。駐車場あり（無料）。トイレは園内随所にある。越前岳登山道入口にも駐車場・トイレがある。
【アクセス】 バス：JR富士駅から土・日・祝日に富士急静岡バスの路線バスが運行される。■車：東名高速富士ICより約40分、新東名高速新富士ICより約30分、東名高速裾野ICより約30分。■富士山こどもの国 TEL0545-22-5555 http://www.kodomo.or.jp
見どころ／オオジシギのディスプレイフライト（夏）、コチドリの繁殖（夏）、ハチクマ、サシバの渡り（秋）

20 丸火自然公園
静岡県富士市

植林地の中に残る 貴重な落葉広葉樹林

★BEST SEASON
1 2 3 4 5 6 7 8 9 10 11 12

文・写真 ● 渡邉修治

夏の富士見ヶ池

富士山の南麓標高1,000m以下ではほとんどがスギ・ヒノキの植林地となっているが、そんな中で丸火自然公園は唯一残された落葉広葉樹林といってもよいところだ。公園は1800年前に噴火した富士山の寄生火山から流れ出た「大淵丸尾溶岩流」の上にあるため、植林地としては適さなかったのである。広大な植林地の中にある落葉広葉樹林は、野鳥をはじめとする生き物にとってオアシスのような場所となっている。

公園内には縦横に遊歩道が巡り、それほど広くない公園にもかかわらず道に迷う人もしばしば見かける。最初に丸火自然館に寄ってエリアマップを手に入れていくのがよい。アップダウンはほとんどなく、道自体は歩きやすい。

丸火自然公園では1年を通して多くの野鳥が観察されるが、おすすめは何といっても夏鳥が渡来したばかりの4月下旬から5月のゴールデンウィーク明けである。標高が低いため木々の展葉は早いが、この時期なら姿も見やすいからである。

まず丸火自然館から東グリーンキャンプ場に向かおう。すぐにセンダイムシクイやクロツグミのさえずりが降ってくる。キビタキのさえずりを聞きながら東の万葉コースからアスレチックの道をたどり、中央広場への道を左に見てさらに進むと水場が現れる。日差しの強い午後ならここでしばらく腰を下ろしてもよい。カラ類やクロツグミ、キビタキなどが次々と水浴びに訪れるはずである。

水場での鳥見を堪能したら、ここから桜並木に出て下ることにしよう。このあたりはサンコウチョウのさえずりがよく聞かれるところで、運がよければ姿も見られるかもしれない。舗装されている桜並木では、クロツグミが遠くの路上で採食をしている姿をよく見かける。

モデルコース

START!!

1. 丸火自然館

2. 東グリーンキャンプ場付近
   - センダイムシクイ, クロツグミ, キビタキ

3. 万葉コース

4. 水場
   - カラ類, クロツグミ, キビタキ

5. 桜並木周辺
   - クロツグミ, サンコウチョウ

6. 中央広場（富士見ヶ池）周辺 
   - アカゲラ, コムクドリ, オシドリ, コサメビタキ

1. 丸火自然館 **GOAL!!**

⏱ ゆっくり歩いて約2時間

⚠ 注意点／水場周辺は観察者やカメラマンの立ち入りで植生が荒れている。水場へは近づきすぎることなく遊歩道から観察しよう。駐車場は丸火自然館前と桜並木入口にある。トイレは園内随所にある。

【アクセス】 バス：JR富士駅より十里木行きに乗り「丸火自然公園入口」下車。徒歩約15分。🚗 車：東名高速富士ICより県道414号富士裾野線を十里木方向に向かい、丸火自然公園案内看板を左折し、道なりに進めば丸火自然館前に出る。東名高速御殿場ICより国道469号線から丸火自然公園案内看板を左折し、2kmで丸火自然館前に着く。

📞 丸火自然館　TEL0545-35-1599　休館日：月曜・火曜 ■富士市役所林政課　TEL 0545-55-2783　http://www.city.fuji.shizuoka.jp　■富士急静岡バス　TEL 0545-71-2495　http://www.fujikyu.co.jp

👀 見どころ／中央広場脇に立つサワラで巣穴を巡って争うアカゲラとコムクドリ（初夏）, 水場周辺のミヤマホオジロ（冬）

県道414号線にある案内板

枝の上でさえずるセンダイムシクイ

冬にミヤマホオジロがよく見られることも, この公園の大きな魅力だ

　200mほど進んだところで左に折れ, 中央広場に向かおう。ここでは毎年, 広場の脇にあるサワラで巣穴を巡ってアカゲラとコムクドリの争いが見られる。広場南の富士見ヶ池では渡りの時期にはオシドリが羽を休めていることもある。池の周囲ではコサメビタキが見られることが多い。地味なさえずりに気をつけて探してみたい。池から西の万葉コースをたどると出発点の丸火自然館に戻ることができる。

　冬の丸火自然公園も魅力的である。アトリ科のアトリ, マヒワ, ウソ, 漂鳥のルリビタキ, キクイタダキ, そしてホオジロ科のカシラダカ, ミヤマホオジロが見やすい。特に, 東日本では比較的数が少ないミヤマホオジロがかなりの確率で見られるのは特筆すべき点だ。冬は水場周辺で給餌が行われるのでここで腰を落ち着けていればひととおりの鳥を見ることができる。

　時間と体力に余裕があれば東のひょうたん池まで足を延ばしてみよう。途中の植林にはミソサザイが, ひょうたん池ではカワセミが姿を見せることもある。

21 西臼塚 にしうすづか

静岡県富士宮市

文・写真 ● 渡邉修治

☆BEST SEASON
| 1 | 2 | 3 | 4 | 5 | 6 |
| 7 | 8 | 9 | 10 | 11 | 12 |

西臼塚は，富士山南麓の標高1,250mにある寄生火山である。植林の進んだ富士山の中腹にあって，西臼塚周辺にはブナ，ミズナラを中心とした落葉広葉樹林が残され，1年を通して多くの野鳥が見られる。また，近くには標高の低いほうから，天照教，山の村（高校生を対象とした静岡県の研修施設），住友林業まなびの森，表富士グリーンキャンプ場と，すばらしい探鳥地がほかにも多くある。標高の違いによりわずかに鳥相は異なるので，時期をずらして訪れるとよい。

西臼塚で鳥たちが最も生き生きと活動しているのは，4月下旬からの繁殖期。探鳥のベストシーズンでもある。西駐車場の南端にある遊歩道入口から森に入る。しばらくは鬱蒼とした針葉樹の中を進む。上からか細い声が聞こえてくる。キクイタダキとヒガラである。より標高の高いところへ移動途中のメボソムシクイやルリビタキのさえずりも聞こえてくるはずだ。暗い林床ではミソサザイが大騒ぎをしている。また，いち早く繁殖期を迎えたビンズイは，樹頂でさえずったり，地上で巣材集めに精を出したりと忙しい。

針葉樹林を抜けると明るいカエデの広場に出る。ここではヤマガラ，ゴジュウカラが出迎えてくれるはず。カエデの大木のそばにあるヒメシャラの樹洞には雨水が溜まり，貴重な水場になっている。よく水浴びにやってくるのはアカハラだ。ゴー

新緑の季節に歩きたい森の道

西臼塚駐車場付近からの富士山

ルデンウィークの時期はフクロウの巣立ちの時期であり, 周囲の木に注意したい。白い綿毛の雛がこちらをじっと見ているかもしれない。昼間から親フクロウの鳴き声が聞こえることもある。

カエデの広場から左に道を分け, 北西に進むと右手に西臼塚が見えてくる。頂上の祠をめざして登る。火口壁をぐるっと北に回り込む。このあたりは最も鳥影の濃いところだ。ツツドリ, キビタキ, アカハラ, ゴジュウカラ, ヒガラ, そしてマミジロのさえずりが降ってくる。標高が高いため, ゴールデンウィークのころはまだ広葉樹の展葉が進んでいないため鳥が見やすい。マミジロが樹頂でさえずる姿を見られるのもこの時期だ。

西臼塚から北西に下る。その先のT字路を右へ向かう道は通行止めだが, ブナの広場までは問題なく行ける。とても気持ちのよい場所なのでぜひ足を延ばしたい。T字路を左にたどると小さな沢を渡る。周辺は笹やぶが密生しコルリのポイントであるが, 残念なことにシカの食害でササが枯れ, コルリの生息環境が失われつつある。

その先にあるのがナラの広場だ。ここも樹冠が開け, 明るく気持ちのよいところだ。カッコウ, ツツドリ, ジュウイチの声を聴きながらゆっくりと鳥を探してみたい。ナラの広場の先で高鉢山への道を右に見送り, 左に曲がる。その先は, 広くはないがやや開けた草原状になっている。そのため, これまでと違ってホオジロやアオジが見られる。さらにその先の十字路を左にとり, しばらく歩けばカエデの広場に戻る。

冬は留鳥に加えてアトリ科のアトリ, マヒワ, ウソ, ベニマシコなど, 雪の中の探鳥を楽しむことができる。

西臼塚周辺の遊歩道は縦横に巡っているので, いくら時間があっても足りないくらいである。迷う心配もあるので, 事前に表富士グリーンキャンプ場に立ち寄り, オリエンテーリングマップを入手しておくとよい。

注意点／冬季は積雪もあり, 路面が凍結するので車の運転は特に気をつけたい。駐車場は県道の東西にある。トイレは県道の西にあるが, 冬季は閉鎖される。
【アクセス】 バス：JR富士駅から富士山五合目行富士急静岡バス「西臼塚」バス停下車。夏季1便。■車：東名高速御殿場IC・裾野ICから約30分。新東名高速新富士IC, 東名高速富士ICより約30分。
富士宮市観光課　TEL0544-22-1155　http://www.city.fujinomiya.shizuoka.jp/kankou/　■富士急静岡バス　TEL 0545-71-2495　http://www.fujikyu.co.jp/shizuokabus/
見どころ／フクロウの巣立ち（初夏）, 樹頂でさえずるビンズイ・マミジロ（初夏）

樹頂でさえずるビンズイ

モデルコース

START!!
1. 遊歩道入口〜針葉樹林 
　キクイタダキ, ヒガラ, メボソムシクイ, ルリビタキ, ミソサザイ, ビンズイ
2. カエデ広場
　ヤマガラ, ゴジュウカラ, アカハラ, フクロウ
3. 西臼塚 
　ツツドリ, キビタキ, アカハラ, ゴジュウカラ, ヒガラ, マミジロ
4. ブナの広場
　コルリ
5. ナラの広場
　カッコウ, ツツドリ, ジュウイチ
6. 草原状の土地
　ホオジロ, アオジ
2. カエデの広場
GOAL!!
約2時間

22 富士山自然休養林

森林浴を楽しみながら、鳥を探す

静岡県御殿場市・裾野市・富士市・富士宮市

ふじさんしぜんきゅうようりん

文・写真● 渡邉修治

★BEST SEASON
1 2 3 **4 5 6**
7 8 9 10 11 12

富士山自然休養林は、富士山南麓の標高1,150mから2,500mに広がり、昭和43年に初めて国の指定を受けた自然休養林である。森林浴、ハイキングなどの自然を楽しむ活動のための施設だが、もちろん探鳥地としてもすばらしい環境である。特に水ヶ塚付近を中心とした、富士山スカイラインより上にある森にはハイキングコースが縦横に整備されている。ここでは最もアップダウンが少なく、森林浴を楽しみながら巨木の中を行く高鉢山からガラン沢のコースと、水ヶ塚から須山御胎内コースを紹介する。

高鉢山～ガラン沢

富士山スカイラインの周遊区間から登山区間に入り3kmほど走ると右手に高鉢山の駐車場がある。コースは駐車場東端の案内板のところから入る。林床がアズマザサに覆われたカエデ、ブナ、シラビソの原生林やモミの植林の中を行く。道はやや登り坂だが、ほぼ等高線に沿い、ときどき小さな沢を巻くようにして続く。アップダウンはほとんどなく、とても歩きやすい。頭の上からはルリビタキやメボソムシクイのさえずりが降ってきて、標高が高いことを感じさせる。針葉樹の枝先ではキクイタダキが遊んでいることだろう。

ササの多いこの森の優占種は何といってもコマドリ、コルリである。また沢筋ではミソサザイがかしましくさえずっている。少ないながらもオオアカゲラが生息しているので、大形キツツキのドラミングを聞き逃さないようにしたい。またコース沿いではハイタカが繁殖している。樹幹部にも目を配ろう。

1kmほど進んだ小さな沢の先で村山口登山道と交差すると、間もなく開けた野原に出る。野原の中ほどで沢を横切り、かつて木材の搬出に使われた馬車鉄道の跡をたどるとほどなくガラン沢からの道に合流する。道を左にとれば

高鉢山遊歩道周辺の森

高鉢山～ガラン沢

モデルコース

高鉢山～ガラン沢 START!!
1. 高鉢山遊歩道口 
2. 遊歩道周辺の森
   - ルリビタキ, メボソムシクイ, キクイタダキ, コマドリ, コルリ, ミソサザイ, オオアカゲラ, ハイタカ
3. ガラン沢 折り返し点 
GOAL!!
⏱往復 約3時間30分

水ヶ塚～須山御胎内 START!!
1. 水ヶ塚公園（須山御胎内コース入口） 
2. 遊歩道周辺の森
   - メボソムシクイ, ルリビタキ, コマドリ, コルリ, トラツグミ
3. 須山御胎内上 折り返し点 
GOAL!!
⏱往復 約1時間30分

道沿いでコマドリのさえずりも耳にするだろう

御殿庭から富士宮口五合目まで約2時間30分の登り, 右にとればササの中の道を富士山スカイライン登山区間入口へ約50分で下れる。ここは来た道を戻り, 森林浴とさえずりのシャワーを楽しむことにしよう。

水ヶ塚～須山御胎内

高鉢山コースは富士山のマイカー規制の期間中には歩けない。その場合にはこちらがおすすめである。より標高差のない平坦で快適なコースで, 亜高山の鳥を楽しむことができる。

水ヶ塚駐車場より富士山スカイラインを横切り, 須山口登山歩道に入る。ほどなく現れる分岐点を右にとり須山御胎内に向かう。高鉢コース同様, メボソムシクイ, ルリビタキ, コマドリ, コルリが期待できるが, 暗い森ではトラツグミのさえずりを楽しむこともできる。道は等高線に沿ってミズナラ, ブナの原生林や, モミの植林の中を進む。40分ほどで須山御胎内のすぐ上に出る。須山御胎内から富士山スカイラインに下って水ヶ塚に戻ることもできるが, 森林浴を楽しみながら気持ちのよい水平道を戻ろう。

❶**注意点**／登山シーズン（7月1日～8月31日）はマイカー規制が行われるため, 高鉢山駐車場へは水ヶ塚駐車場からタクシー利用。事前に富士山自然休養林のハイキングマップを入手しておきたい。
【**アクセス**】バス：富士急静岡バス 富士駅→富士山五合目行「高鉢山」もしくは「水ヶ塚」バス停下車。
■車：東名高速御殿場ICから約25分, 裾野ICから約20分。新東名高速新富士IC, 東名高速富士ICより約40分。駐車場, トイレは高鉢山（冬季閉鎖）, 水ヶ塚にあり。
🏢富士山自然休養林保護管理協議会事務局　御殿場市商工観光課 TEL0550-82-4622
👁**見どころ**／コマドリ・コルリのさえずり（夏）, ハイタカの営巣（夏）

23 富士宮口五合目
ふじのみやぐちごごうめ

静岡県富士宮市・富士市・御殿場市

★BEST SEASON
1	2	3	4	5	6	7	8	9	10	11	12
				■	■	■	■				

文・写真● 渡邉修治

富士山の猛々しさを感じる宝永火口まで歩く

標高2,400mの富士宮口五合目は富士登山の起点となる4つの五合目のうちで最も標高が高い。従って森林限界の上下両方の環境の野鳥を楽しむことができる。また繁殖期が遅いため，下界で鳥が見にくくなった7，8月でも探鳥が可能である。ただし，出会える鳥の種類は多くない。

山小屋へ荷揚げするための巨大なブルドーザーが置かれている五合目東端からスタートしよう。入口では早くも樹頂でビンズイがにぎやかに，カヤクグリは透明感のある声でさえずっている。カラマツとダケカンバの林を行く。道は多少のアップダウンはあるが，ほぼ等高線に沿っている。林に入ってすぐのところでは毎年キクイタダキが繁殖している。地味なさえずりに耳を傾けよう。対照的に林床ではミソサザイが大きな声で存在をアピールしていることだろう。

ダケカンバ中心の林になってくるとメボソムシクイの声が降ってくる。枝から枝に飛び移りながらさえずっているため，姿をじっくりと見るのはなかなか難しい。

林が明るくなってくると，その先は日沢のガレ場だ。足元の岩場ではアマツバメが繁殖し，ほんの数m先を群れが飛び回っている。ビューッと翼が風を切る音が聞こえるほどの距離だ。日沢では沢の上下を見渡してみよう。近年数を増やしてきたニホンカモシカの姿がよく見られる。

日沢を後に再び林の中の道をたどる。ここからは樹木の密度が高くなる。ルリビタキが間近でさえずっていても樹冠部ではその姿は見えない。遊歩道近くで，雌が「ヒッ，ヒッ，ヒッ」と警戒声を上げながらいつまでも周りを飛び回っていたら要注意，近くで子育て中の可能性が高い。すぐにその場を離れよう。

ヒガラの声を聴きながらカラマツの林を抜けると，宝永火口の縁に立つ。眼前には宝永第二火口のすり鉢が大きく口を開けている。火口底からオンタデが山頂に向かって這い登っている。生命の力強さを感じられるところだ。火口壁に生えたカラマツの樹頂ではビンズイがさえずり，上空には無数のアマツバメが飛

宝永火口壁から望む山頂

び交う。南に目を転ずれば駿河湾から伊豆半島が一望できる。しばし絶景を楽しみたい。

ここからは第一火口の縁まで高度を稼ぐ，このコース最大の登りだ。といっても標高差はわずか50mほど。しかしスコリア（多孔質の火山噴出物）に足をとられ，なかなか進むことができない。火口の反対側のカラマツ林に目をやろう。ホシガラスが見やすいところだ。また，カヤクグリは林縁の地上近くを好むので，観察にはここが一番の適地だ。鳥を見ながらゆっくりと高度を稼ぎ，ようやく第一火口の縁にたどり着く。あとは等高線に沿った平坦な道だ。景色と鳥を楽しみながら進もう。左手はカラマツの低木で比較的ウソが見やすい。7月ともなれば

クリーム色の頭をしたウソの幼鳥が群れているところに出くわすかもしれない。右手は森林限界を越えた岩稜，イワヒバリの世界だ。個体数も多く，間違いなく出会える。声を頼りに探してみたい。

六合目の小屋でひと休みしたら，スコリアのザレ道を注意して下ろう。五合目はすぐそこだ。

モデルコース

START!!
1. 五合目宝永入口
   - ビンズイ，カヤクグリ，キクイタダキ，ミソサザイ，メボソムシクイ
2. 日沢のガレ場付近
   - アマツバメ，ルリビタキ，ヒガラ
3. 宝永第二火口縁付近
   - ビンズイ，アマツバメ
4. 宝永第一火口縁付近
   - ホシガラス，イワヒバリ，カヤクグリ
5. 新六合
6. 富士宮口五合目登山口
GOAL!!

約2時間

カヤクグリが驚くほどの近い距離でさえずっていることがある

岩稜帯に入ればイワヒバリの世界だ

ホシガラスはカラマツ林の上をよく飛ぶ

注意点／ゴールデンウィークごろは残雪があるので，足元は固めて行きたい。マイカーで登るには6月に訪れる手もあるが，梅雨明け前なので天候に注意。駐車場，トイレは五合目にある。

【アクセス】 バス：東海道新幹線新富士駅から富士急静岡バス「富士宮口五合目」下車。7/1〜9/30まで運行。■車：富士山スカイライン利用。五合目に駐車場あり。登山シーズン（7月1日〜8月31日）はマイカー規制が行われるため，水ヶ塚駐車場，西臼塚駐車場からシャトルバス利用。

裾富士宮市観光課　TEL0544-22-1155 http://www.city.fujinomiya.shizuoka.jp/kankou/
■富士急静岡バス TEL 0545-71-2495 http://www.fujikyu.co.jp/shizuokabus/

見どころ／日沢のガレ場周辺のアマツバメ（夏），宝永火口周辺のホシガラス・カヤクグリ・ビンズイ・ウソ・イワヒバリ（夏）

24 岩本山公園
静岡県富士市
（いわもとやま こうえん）

梅と桜の季節は特にオススメ！
花見と鳥見が同時に楽しめる公園

★BEST SEASON
1	2	3	4	5	6	7	8	9	10	11	12
■	■	■						■	■		■

文・写真 ● 渡邉修治

梅園から富士山を望む

岩本山公園は, 富士山の南西, 富士川の東岸に位置する岩本山の山頂を中心に広がる都市公園で, 富士山の撮影スポットとしても知られる。サクラ, ツツジ, モモ, シャクナゲ, アジサイ, バラ, ロウバイなどの花や, 散歩やウォーキングを楽しむ市民で一年中にぎわっている。特にウメの盛りである2月は梅まつりが開催され, 花見客だけでなくウメの花と富士山の組み合わせを狙うカメラマンが多数来園し混雑する。野鳥も数多くの種が観察されている。ぜひ訪れたいのは, 梅の咲き始める1月から桜が咲き始める3月末である。来園者と接する機会が多いためか, 野鳥が人を恐れず近距離で観察できるのがうれしい。春秋の渡りの時期, ヒタキ類との出会いもおすすめである。

普通に歩けば30分程でひと回りできる小さな公園であるが, 野鳥の密度が特に高い場所が何か所かある。まずは駐車場近くのから池周辺から歩こう。林床ではシロハラがカサコソと柴掻き, モミジの木ではイカル, シメがパチパチと音を立てて実をついばんでいる。

隣の自然教育の森では藤棚の下のベンチに腰を下ろして出現を待とう。水飲み場にはルリビタキが訪れることもある。ドウダンツツジ前の芝生広場にはアラカシのドングリを拾いにアオバトやカケスがやってくる。カラの混群に囲まれることもしばしば, その中にキクイタダキがいることもある。

堪能したら梅林への斜面を登ろう。薄暗いヒノキ林の隣にあるシャクナゲの森と野生ツツジの森の斜面は最も野鳥の密度の高いところだ。コゲラ, シジュウカラカラ, エナガ, メジロがヤマハゼの実に集まる。ウソは桜の花芽が膨らむ前にここのツツジの芽をついばむ。遊歩道上ではアオジ, クロジが採食してい

モデルコース

START!!

1 から池
シロハラ, イカル, シメ

2 自然教育の森
ルリビタキ, カケス, キクイタダキ, カラ類, アオバト

3 シャクナゲの森 野生ツツジの森
コゲラ, シジュウカラ類, エナガ, メジロ, ウソ, アオジ, クロジ, ヤマシギ

4 休憩芝生広場 
カラ類, イカル, シメ, シロハラ, トラツグミ

5 梅園
アオジ, ホオジロ, シロハラ, メジロ, ジョウビタキ, トラツグミ

6 駐車場 GOAL!!

⏱ 30〜60分

❗**注意点**／ウメの花の時期は富士山カメラマンが多いので撮影の邪魔にならないように観察しよう。駐車場は約300台分。トイレは駐車場脇と梅園の隣にある。

【アクセス】🚌バス：新富士駅・富士駅よりコミュニティバス「こうめ」で約35分。2月中旬〜4月上旬には、新富士駅・富士駅より「期間限定バス」が運行される。
🚗車：新東名高速新富士IC, 東名高速富士ICより約15分。
ℹ️富士市観光課　TEL0545-55-2777　http://www.city.fuji.shizuoka.jp　■新富士駅観光案内所　TEL0545-64-2430　http://www.fujisan-kkb.jp　■富士急静岡バス　TEL0545-71-2495　http://www.fujikyu.co.jp

👁️**見どころ**／渡りの時期のヒタキ類（春・秋）, ヤマハゼの木に集まるカラ類・ウソ・アオジ・クロジ（秋〜冬）, 梅の時期のアオジ・ホオジロ・シロハラ・メジロ・ジョウビタキ（春）

トラツグミの観察は1月以降がいいだろう 　　アオバトは梅の季節が見やすい

る。ここの林床ではヤマシギが見られたことが何度かあるので油断できない。なお、ここのヤマハゼのレストランに野鳥が"来店"するのは食材が枯渇する1月中旬までである。

休憩芝生広場の一角にある水飲み場もポイントである。カラ類、イカル、シメ、シロハラが水浴びにやってくる。なぜかここでは鳥たちは警戒心が強いようだ。少し離れて観察したい。この広場とトイレを挟んだ梅園では多くの花見客を気にすることなく鳥たちが活動している。地上にはアオジ、ホオジロ、シロハラが。ウメの木にはメジロやジョウビタキが見られる。梅の花との組み合わせを狙う野鳥カメラマンの多いところだ。そのほか展望台の周りを巡るはちまき園路、自由広場西のサザンカの森も必ずチェックしておきたい。

さて、岩本山公園の目玉であるトラツグミはどこで見られるか？ 年によって異なるが、梅園、休憩芝生広場、自由広場西のサザンカの森で見られることが多い。冬が深まると、林床の餌を食べつくすためか開けたところに出てくる。1月以降のほうが遭遇確率は高いようだ。

なお、岩本山公園の北約1.5kmに位置する明星山（みょうじょうやま）は秋のタカの渡りの観察地で、ヒタキ類も多くみられる。越冬期はミヤマホオジロが見られることが多い。

25 富士川河口
ふじがわかこう

静岡県富士市
静岡市清水区

駿河湾岸随一のシギ・チドリ類観察スポット

★BEST SEASON
1 2 3 4 5 6 7 8 9 10 11 12

文・写真● 渡邉修治

富士川には下流域というものがない。中流からいきなり駿河湾に注いでいる。いわゆる東海道型河川の典型といえる。従って河口部には広い干潟は発達していない。それでも1年を通じて多くの水鳥が羽を休める。また，これまでに多くの珍鳥が見つかっている。

ほぼ1年中鳥見を楽しめるが，まずは春秋のシギ・チドリ類の渡りのシーズンから紹介しよう。広い干潟は発達していないので，大きな群れが入ることはまずないが，数は少なくてもこれまでにヒメハマシギやシベリアオオハシシギなど，かなりの珍鳥も記録されているのでこまめに足を運ぶとよい。観察するには西岸蒲原側のエビ干場から小池川に沿って滑走路の東に出る。ここから中洲の砂礫地を探すことになる。シロチドリ，メダイチドリ，トウネン，ハマシギの群れを1羽ずつチェックしよう。西岸からは中洲全体を見渡すことができるが，距離があるのが難点である。より近くから観察するには東岸に回りたい。富士市の河川敷グラウンドの南西端から河川敷の草原の中を海岸に向かって進み，砂浜に出たら西に向かう。砂に足をとられあえぎながら歩くと，ほどなく中洲の南端に着く。ここからなら間近で観察することができる。

淡水性のシギ・チドリ類は東岸の水管橋付近がポイントである。ここには製紙工場からの温排水が流れ込んでいて，ワンド状になっている。アカアシシギ，コアオアシシギ，アメリカウズラシギが入ったこともある。

5〜7月のアジサシ類観察も楽しめる。コアジサシがコロニーを形成するころ，アジサシの大群が羽を休めてゆく。国道1号線の下流付近に入ることが多く，6月はクロハラアジサシ類，7月になるとベニアジサシやエリグロアジサシの姿が見られることもある。ベンガルアジサシが出現したのも7月である。こうしたアジサシ類の出現は，コアジサシのコロニーの規模と関係があるようで，大きなコロニーが形成された年ほど，ほかのアジサシ類が多く見られる傾向がある。残念なことに，近年，河床の低下によりコアジサシの繁殖が不調である。

アジサシの大群が見られたときは海上にも気をつけたい。アジサシから獲物を奪おうとするトウゾクカモメ類の姿が見られるからだ。水面が見えなくなるほどのハシボソミズナギドリの大群が海上に現れるのもこのころである。

猛禽ファンにとっては冬がベストシーズンだ。秋には早くもその年生まれと思われるオオタカの姿が河畔林に見られるようになる。11月はミサゴの数が最も多くなる時期。ほとんどが当年生まれの若い鳥で，多いときは羽数が2桁になることもある。未熟な若鳥は豪快なハンティングを何度も見せてくれる。東岸の広い河川敷の草地にはチュウヒやコミミズクが姿を見せることもある。ハヤ

ヒメハマシギ。思わぬ「珍客」と出会えるのも富士川河口の魅力

夏はコアジサシが魚を捕らえるシーンも見られるだろう

東岸のシギ・チドリ類観察ポイント

淡水性シギ・チドリ類が集まる水管橋付近

捕らえた魚をつかんで飛ぶミサゴ

アジサシの群れ

ブサは中洲の倒木がお気に入りで，よく止まっている。チョウゲンボウはグラウンドの周辺で草地の昆虫や小鳥を狙っていることが多い。

冬の水鳥もひと通り観察できる。近年カモ類の渡来数が減っているが，カワアイサは依然として健在である。カイツブリ類はミミカイツブリを除く4種を間近で確実に見ることができる。

カモメ類も水浴びに訪れる。関東と異なり，セグロカモメは極めて少なく，大形カモメはほとんどがオオセグロカモメである。白銀の富士山を背景に群れ飛ぶカモメの群れは富士川河口の冬の風物詩である。

⏱ 約2時間

❶注意点／東岸の砂浜に車で乗り入れる場合は，地上高の高い4輪駆動車以外はスタックの可能性が高いので乗り入れないこと。随所に駐車可能。トイレは，西岸は国道1号線横の堤防外に，東岸も国道1号線より下流側の堤防そばに2か所ある。
【アクセス】バスの便が悪く，車でのアクセスをおすすめする。
🔍見どころ／渡りの時期のシギ・チドリ類（春・秋），コアジサシのコロニー（夏），ハシボソミズナギドリの大群（夏），猛禽類（冬）

東 西約5km，南北約1kmの浮島ヶ原は以前，浮島沼と呼ばれていた。富士川から流出した砂礫が沿岸流に運ばれて砂州をつくり，やがて潟湖を形成した。その後，愛鷹山からの流出土の堆積により大小の沼が点在する湿地となった。現在では治水事業，圃場整備事業により20年前の広大なアシ原もほとんどが消滅し，乾田化が進んでいる。野鳥の生息数は昔とは比べるべくもないが，まだ多くの種を観察することができる。↗

探鳥適期は何といっても冬。枯野で冬越しするホオジロ類，東西に貫流する沼川で羽を休めるカモ類，それらを狙う猛禽類が観察できる。広大な農耕地なので，車での探鳥がおすすめである。ここでは最も自然度の高い女鹿塚（沼津市原地区）周辺を歩くコースを紹介しよう。

国道1号線の一本松交差点を北上し，すぐ右折する。狩野川西部浄化センターの正門脇の空き地に駐車して，浄化センターの池の南岸を歩こう。この池には多くのカモが羽を休める。カルガモ，マガモ，コガモが優先種で，比較的数の少ないハシビロガモが間近で見られるのはうれしい。ときにホオジロガモやミコアイサが，春先にはシマアジが入ることもある。また池の周りの木にも注意，カモを狙うオオタカが止まっているかもしれない。晩秋になるとミサゴが高い確率でハンティングに訪れる。↙

26 浮島ヶ原
うきしまがはら

愛鷹山の麓に広がる水田地帯を歩く

静岡県沼津市・富士市

★BEST SEASON
| 1 | 2 | 3 | 4 | 5 | 6 | 7 | 8 | 9 | 10 | 11 | 12 |

文・写真 ● 渡邉修治

水田では冬にタゲリ（左）が，夏はタマシギ（右）が見られるだろう

浄化センターの南には沼津市が整備したビオトープがあり，昔の浮島沼のアシ原を再現維持している。オオジュリンなどのホオジロ類やセッカが見られる。また，年末にアシが刈られると，タシギやサギ類が入るようになる。ビオトープの南を東に歩き，高橋川に突き当たったら進路を右にとる。国道1号線の高架をくぐり沼川に出たら，右岸の堤防上を西に歩こう。カイツブリやオオバン，そしてコガモをはじめとするカモ類が近い。また人馴れしたカワセミが見られる確率が高い。堤外の草地ではジョウビタキやモズが，また左岸の工場の林ではオオタカの姿を見ることもある。

堤防上の道の突き当りを右に曲がり，再び国道1号線の北に出たら道を左にとり，県道の高架をくぐり，西に向かう。開けた水田地帯に出るので，農道を縦横にたどりながら北に向かおう。このあたりは渡来数が減少しているタゲリが毎年入る場所だ。また，ホオジロ類などの小鳥が多いため，それを狙ってコチョウゲンボウがよく出現する。ハンティングに成功すると地上で食べる習性があるので，畔やちょっとした盛土を探してみよう。電柱にはノスリやチョウゲンボウの姿も見られるはず。上空にも気をつけたい。ハイタカやオオタカがいつ現れるかわからないからだ。

東西に流れる月川を渡り右折し，右岸を東に向かう。月川の北側に残されているアシ原の周辺を見てみよう。チュウヒやハイイロチュウヒが，夕刻ならコミミズクが見られるかもしれない。ここは夏にはツバメがねぐらをとり，ヒクイナやタマシギが見られる場所でもある。

県道を横断し，道なりに進む。左手のアシ原が点在する水田と右手の浄化センター敷地内の草地にはホオジロ類が多い。浄化センターのフェンスに沿って南に折れるとビオトープが見えてくる。ビオトープと浄化センターの池の間の道をたどれば間もなくスタート地点に戻る。

浮島ヶ原では，春秋のシギ・チドリ類の渡りも観察できる。春は田植えの早い春山川周辺の水田がポイントである。秋は休耕田を探したい。

モデルコース

START!!

① 狩野川西部浄化センター 
- キクイタダキ, ヒガラ, メボソムシクイ, ルリビタキ, ミソサザイ, ビンズイ

② 狩野川西部浄化センターの池 
- カルガモ, マガモ, コガモ, ハシビロガモ, ホオジロガモ, ミコアイサ, シマアジ, オオタカ, ミサゴ

③ 狩野川西部浄化センター南のビオトープ
- オオジュリン, セッカ, タシギ, サギ類

④ 沼川
- カイツブリ, オオバン, カモ類, カワセミ, ジョウビタキ, モズ, オオタカ

⑤ 水田地帯
- タゲリ, ホオジロ類, チョウゲンボウ, コチョウゲンボウ, ノスリ, ハイタカ, オオタカ

⑥ アシ原周辺
- チュウヒ, ハイイロチュウヒ, コミミズク, ヒクイナ, タマシギ, ツバメ

⑦
- ホオジロ類

① 狩野川西部浄化センター GOAL!!

約2時間

女鹿塚周辺

⑥ アシ原 ツバメのねぐら コミミズク
水田地帯 ⑤ コチョウゲンボウ
START!! & GOAL!!
狩野川西部浄化センター
① カモ類
② 池
③ ビオトープ
④ カワセミ オオタカ
カモ類
一本松交差点
沼川
高橋川
(沼津バイパス) ①

女鹿塚周辺に残るアシ原

岳南鉄道線　東名高速道路　新東名高速道路
比奈駅　赤渕川　岳南江尾駅　春山川　浮島ヶ原
沼川　赤渕川・沼川合流点　須津川　須津川・沼川合流点　春山川・沼川合流点　狩野川西部浄化センター
東海道本線　東海道新幹線　高橋川
駿河湾　東田子ノ浦駅　浮島ヶ原自然公園　原駅　(沼津バイパス) ①

小鳥を狙ってやってくるコチョウゲンボウ

浮島ヶ原には貴重なノウルシが生育している

❶注意点／農道は狭いので, 農作業の迷惑にならないよう注意したい。トイレは狩野川西部浄化センター南のビオトープにあり。愛鷹山麓の県道沿いにコンビニ多数。

【アクセス】鉄道：JR原駅から徒歩。■車：東名高速沼津IC, 富士ICから国道1号線。

見どころ／ホオジロ類の越冬群 (冬), 浄化センターの池のカモ類とそれを狙うオオタカ (冬), コチョウゲンボウの狩り (冬), タゲリの群れ (冬), ミサゴの狩り (主に晩秋), ツバメのねぐら (夏), シギ・チドリ類の渡り (春・秋)

27 静岡県沼津市
奥駿河湾
おくするがわん

外洋の鳥を観察しながら漁港めぐりを楽しむ

★BEST SEASON
1 2 3 4 5 6 7 8 9 10 11 12

文・写真 ● 渡邉修治

学習院遊泳場から富士山を望む

　ここでいう奥駿河湾というのは沼津港と大瀬崎を結んだラインより東の湾奥を指す。奥駿河湾は本来外洋に生息する海鳥を陸の上から近くで見ることができる"特異"な場所だが、これは海鳥が食物となる魚の群れを追って湾奥まで入り込んでくるからではないかと思われる。探鳥は海岸に沿って車で移動し、比較的鳥が集まり視野のきく場所で車を止めて鳥を探すというスタイルとなる。探鳥の適期はウミスズメ類やアビ類、コクガンなどが入る越冬期と、アジサシとそれを追ってやってくるトウゾクカモメ類やミズナギドリ類、ウミスズメ類が見られる5〜6月である。沼津から大瀬崎に向かって探鳥ポイントを順にあげてゆこう。

　まず訪れたいのが牛臥山公園。近くの岩礁にはウミウ、ヒメウ、カモメ類が群れ、沖合にはウミスズメ類が浮かんでいることがある。150羽のウトウの群れが入ったこともある。海鳥ではないが、牛臥山海水浴場脇の岩礁はアオバトが海水を飲みに飛来する場所でもある。

　国道414号線を東にとり、御用邸記念公園を過ぎて2つ目の信号を右折すると、防波堤に突き当たる。ここが学習院遊泳場だ。沖合はウミスズメのポイントである。静浦漁港にも寄ってみよう。カモメ類が非常に多いところだ。また、沖合のケーソンの上にはコクガンやカツオドリが休んでいることがある。

　次は奥駿河湾の最奥部にある狩野川放水路付近。狩野川放水路の交差点を三津方向に進み、その先の海側にある駐車場に車を止めて海上を探そう。ここではウミスズメ、マダラウミスズメ、ケイマフリ、ウミガラスの記録がある。カイツブリを除くカイツブリ類4種が同時に見られる可能性もある。

モデルコース

START!!

① 牛臥山
- ウミウ, ヒメウ, カモメ類, ウミスズメ類, ウトウ, アオバト

② 学習院遊泳場
- ウミスズメ

③ 静浦漁港
- カモメ類, コクガン, カツオドリ

④ 狩野川放水路付近
- ウミスズメ, マダラウミスズメ, ケイマフリ, ウミガラス, カイツブリ類

⑤ 口野漁港
- ウミスズメ

⑥ 淡島
- ハシブトウミガラス, ハヤブサ

⑦ 内浦漁港周辺
- ウミスズメ

⑧ 木負・赤崎
- カモメ類, ウミスズメ, マダラウミスズメ, コクガン, ハシボソミズナギドリ, トウゾクカモメ類

⑨ 西浦 
- シロエリオオハム

⑩ 立保 
- ウミスズメ, クロサギ, アカアシカツオドリ

GOAL!!

⊙ すべてまわると半日はかかる

ウミスズメの群れ

　右手に西丸冷蔵と書かれた建物の先を右折すると口野漁港である。赤灯台の立つ防波堤近くから沖合を探してみよう。渡来の少ない年でもここからはたいていウミスズメが見られる。ほかは省略しても，ここだけは決して外してはならないポイントである。

　淡島マリンパークを過ぎたところにあるコンビニの駐車場から右手の淡島，左手の漁港周りを見てみよう。ハシブトウミガラスが出現したところだ。また近くのマンションの軒下はハヤブサの食事場で，カモメ類を解体している姿が見られるかもしれない。内浦漁港周辺も見ておきたい。漁港内にウミスズメが入ることがある。ほんの数mのところにひょっこりと浮かび上がってくることもある。なお，ここでは日曜日に朝市が開かれる。ミカンや干物など，奥駿河湾のお土産をここでゲットするという手もある。

　以前フローティングホテルスカンジナビア号が係留されていた木負も外せないポイントだ。奥駿河湾で最もカモメ類が多いところだが，ウミスズメ，マダラウミスズメ，コクガンの確率も高い。木負の先の赤崎には先端に赤灯台のある長い防波堤がある。この防波堤の外海側にはウミスズメが群れていることが多い。またミズナギドリのポイントでもある。ハシボソミズナギドリの群れが入っているときは，鳥が堤防を越えて外海と内海の間を行き来する。堤防上に立っていると，ぶつかるのではないかと思えるほど近くを鳥が通過していく。また陸に近づくことがあまりない

奥駿河湾では, 外洋を走る船からでなければ見られない海鳥を陸から観察できる。上からシロハラトウゾクカモメ, マダラウミスズメ, アカアシカツオドリ, ハシボソミズナギドリ

牛臥山公園〜静浦漁港

狩野川放水路〜淡島

内浦漁港〜立保

❶ **注意点**／探鳥には車が必須。駐車場は牛臥山公園, 学習院遊泳場, 静浦漁港, 狩野川放水路, 内浦漁港, 木負 (有料), 赤灯台 (有料), らららサンビーチ (有料), 西浦平沢漁港 (有料) にある。トイレは牛臥山公園, 内浦漁港, 木負にある。
【アクセス】東名高速沼津IC より国道414号線で牛臥山公園まで約20分。
🚢 駿河湾フェリー　TEL054-353-2221　http://www.dream-ferry.co.jp/
🔭 **見どころ**／口野漁港のウミスズメの群れ (冬), 赤崎の防波堤で見るハシボソミズナギドリの群れ・トウゾクカモメ類 (夏), らららサンビーチ周辺のシロエリオオハム (夏), 清水港〜土肥港間の駿河湾カーフェリーでの船上バードウォッチング (夏・冬),

トウゾクカモメ類を見るのにもここがよい。魚をくわえたアジサシを追い回す盗賊行為を見ることができる。

西浦の柑橘類出荷場の先にある人工海浜「らららサンビーチ」周辺も見ておきたい。ここにはなぜかシロエリオオハムが入ることが多いからだ。西浦小学校の先にあるのが立保（たちぼ）の集落だ。沖合の養殖生簀周りにウミスズメが群れ, 生簀の上ではクロサギが養殖魚を狙っている。かつてここではアカアシカツオドリが越冬し, 多くの野鳥ファンを集めたことがある。

陸から海鳥を見ることができる奥駿河湾であるが, 船から見ることができればさらによい。遊漁船をチャーターするという手もあるが, お手軽というわけにはいかない。裏ワザを紹介しよう。1日のうちに何度でも乗り降りできるJRの周遊きっぷを利用する。静岡駅と熱海駅の間で利用できる「富士山満喫きっぷ」(3,070円) がそれである。この周遊区間の間に清水港と伊豆の土肥（とい）港を結ぶ駿河湾カーフェリーが組み込まれている。このフェリーなら1日に最多で4回 (=4往復) の船上ウォッチングが可能である。これまでにオオミズナギドリ, ハシボソミズナギドリ, ハイイロミズナギドリ, トウゾクカモメ, ウミスズメなどが観察されている。筆者は未確認だが, コミズナギドリが見られたという話もある。切符購入前にはフェリーが欠航していないか必ず確認しよう。

バードウォッチングの必須アイテム
双眼鏡の使い方

文●志賀 眞

観察対象別のおすすめ双眼鏡

　一般的にバードウォッチング向けとされる双眼鏡は，8倍と10倍。倍率が高いほど像は大きく見えるが，視界は狭くなるので，ちょこまか動き回る小鳥の観察が中心になる場合や，公園などでは視界の広い8倍が扱いやすい。野鳥撮影が中心で，鳥を主に探す目的で使う場合もこちらがおすすめだ。

　一方，広大なアシ原の猛禽ウォッチングや干潟のシギ・チドリ類の観察がメインであれば，観察対象と絶対的な距離があるので，10倍が有利だ。

使う前の準備

❶ストラップの長さの調整

　双眼鏡を首にさげ，胸の少し上に双眼鏡が来るようにストラップを調整する。カメラも首や肩にさげることが多い人は，どちらかを長めにすると道具同士がぶつかって干渉することがなくなる。

❷アイポイントの調整

　裸眼で使う場合には見口（アイカップ）を引き出す。見口ゴムを折り曲げるタイプでは伸ばしておく。逆に，眼鏡をかけて使う場合には，見口は伸ばさないままで見るのが適正位置である。

❸眼幅の調整

　両目でのぞき，両方の筒をヒンジ部（左右の筒の結合部）を少しずつ折り曲げながら，見えている2つの円が重なって1つの円になるところが適正な位置だ。

❹視度の調整

　両目とも同じ視力であれば必要ないが，左右で視力が異なる場合には，接眼部の右側にある視度調整リングを調整する。一度合わせてしまえば，使う度に合わせ直す必要はない。ただし，1台の双眼鏡を何人かで使う場合は，自分の視度調整目盛りの数値を覚えておくと戻ってきたときにすぐ合わせられる。

　①まず，左目だけで双眼鏡をのぞき，ピントノブでピントを合わせる。このとき，右目を強くつぶってしまうと次の調整のときに合わせにくくなるので，右側の対物レンズを手で覆ってしまうのがおすすめ。

　②次に，右目だけで双眼鏡をのぞき，ピントノブには触れずに視度調整リングを回してピントを合わせる。

視度調整リング　ピントリング　ヒンジ部　見口（アイカップ）

眼幅の調節はヒンジ部を少しずつ折り曲げながら合わせる

双眼鏡，これだけはNG!

　まず当たり前のことだが，双眼鏡や望遠鏡で太陽を直接見ると，眼に光が集中し，眼を痛めたり，最悪の場合は失明の危険があるので絶対に厳禁だ。

　また，高温になる自動車の車内に置き去りするのも禁物。樹脂部品が変形したり，ピント調整や視度調整の機構が故障することもある。ダッシュボードに置くと車外からも目立ち，車上狙いの的にもなりかねない。

　「防水型双眼鏡」＝「水中使用可能」という意味ではない。4m防水，5m防水と記載されている機種の場合，その水深に水没しても浸水せず，引き上げて使用可能という意味だ。あくまで雨や不意の事故などで水没させてしまったときの安全機能だと思うようにしよう。

　移動の際にザックやバッグにパッキングするときには，双眼鏡に重量がかからないように，いちばん上に収納すること。双眼鏡の左右を結合しているヒンジ部分に負荷をかけてしまうと，レンズを通る光が正常な位置を通らずズレてしまうことがあり，そうなるとメーカー修理が必須となる。

（BIRDER2013年3月号掲載記事を再編集しました）

富士山で見られる鳥ガイド

文 ● 森本 元, 岡久雄二（ミソサザイ, キビタキ, オオルリ）
写真 ● 上沖正欣（KMa）, 川瀬水輝（KMi）, 小西広視（KH）, 高木憲太郎（TK）, 高橋雅雄（TM）, 中居 稔（NM）, 松原一男（MK）, 丸山正美（MM）, 森本 元（MG）

「富士山で見られる鳥」とひと言で言っても, その富士山が水辺から山野まで多様な環境を含むため, 実にバラエティーに富んだ鳥が見られる。ここでは比較的よく見られる鳥を中心に挙げた。富士山周辺での生息状況も全種でガイドしているので, 富士山探鳥の役に立つこと間違いなしだ。

ヤマドリ
キジ目キジ科／*Syrmaticus soemmerringii*
雄125cm, 雌55cm

日本固有種の留鳥。本州, 四国, 九州の草原や農地, 山地に生息する。富士山周辺では, 亜高山帯の森林・裸地から平地まで広く生息。雄の長い尾が特徴。繁殖期になると, 雄は翼を羽ばたかせて「ドドドド」と大きな音を鳴らす「ほろ打ち」と呼ばれるドラミングを行う。(NM)

キジ
キジ目キジ科／*Phasianus colchicus*
雄80cm, 雌60cm

国内では留鳥。本州, 四国, 九州の草原や農地などの開けた環境に生息。富士山周辺では山麓から平地まで広く生息しており, 自衛隊演習場や農地でよく見かける。雄は全身さまざまな色彩で, 赤色の目立つ顔である。日本の国鳥。雄は「ケーン, ケーン」と大きな声で鳴く。(MG)

オシドリ
カモ目カモ科
Aix galericulata／45cm

国内では留鳥。九州以北の森林で繁殖し, 日本全国の水辺で越冬。北海道では夏鳥, 沖縄では冬鳥。富士山周辺では冬鳥として少数が見られる。カモの多くは冬鳥だが, オシドリは日本国内で繁殖する。雄はイチョウ羽と呼ばれる, イチョウの葉に形が似た飾り羽をもち, 雌へのディスプレイに用いる。(KH)

オカヨシガモ
カモ目カモ科
Anas strepera／50cm

国内では冬鳥。シベリアなどで繁殖し, 越冬のために日本全国に渡来する。北海道では少数が繁殖。富士山周辺では水辺で見られる冬鳥。雄は灰褐色の背面と頭部が特徴で, 他種のカモと明確に区別できる。雌は他種の雌に似るが, オレンジ色の嘴が特徴。水面で採食。(KH)

ヨシガモ
カモ目カモ科
Anas falcata／48cm

国内では冬鳥。シベリアなどで繁殖し, 越冬のために日本に渡来する。北海道では少数が繁殖。富士山周辺では冬鳥として淡水域にて少数が観察される。ナポレオンの帽子と表現される特徴的な雄の頭部形状や, 飾り羽が識別ポイントである。水面で採食する。単独から群れで行動する。(KH)

ヒドリガモ
カモ目カモ科
Anas penelope／49cm

国内では冬鳥。シベリアなどで繁殖し, 越冬のために日本全国に渡来する。北海道では少数が繁殖。富士山周辺では水辺で見られる冬鳥。雄は灰褐色の背面と茶色の頭部が特徴で, 他種のカモと明確に区別できる。雌は他種の雌に似るが, 青灰色の嘴が特徴。陸上でも採食。(KH)

マガモ
カモ目カモ科
Anas platyrhynchos ／ 59cm

国内では冬鳥。ユーラシア大陸北部で繁殖し、日本に越冬のために渡来する。国内で最もよく見られるカモの1種。北海道や本州中部の山地で少数が繁殖する。富士山周辺では冬鳥で、淡水から沿岸まで広く数多く見られる。ほかのカモよりも少し大形で、雄は緑色の頭部が特徴。(MG)

カルガモ
カモ目カモ科
Anas zonorhyncha ／ 50cm

国内では留鳥。全国の水辺、水田などで広く見られる最も身近なカモの1種。富士山周辺では留鳥で、山麓から平地までの湖・水田などの淡水域に生息する。やや大形のカモで雌雄同色。耕地や空き地の草むらで繁殖し、春〜夏には、子連れの親子が観察される。(MG)

ハシビロガモ
カモ目カモ科
Anas clypeata ／ 50cm

国内では冬鳥。ユーラシア大陸などで繁殖し、越冬のために全国に渡来。北海道では夏鳥として少数が繁殖。富士山周辺では平地の池や湖などで普通に見られる冬鳥。嘴がシャベルのように幅広く、その内側は細かい櫛状となっている。この嘴を水面につけて細かな食物をこして採食する。(MG)

オナガガモ
カモ目カモ科／*Anas acuta*
雄75cm, 雌53cm

国内では冬鳥。ユーラシア大陸とアメリカ大陸の北方で繁殖し、日本で越冬する。富士山周辺では、水辺で最もよく見かける冬鳥の1つ。雄は種名の通りの長い尾が特徴。雌は他種のカモのように地味で、全身が茶褐色の外観であり、雄のように長い尾はない。(TM)

コガモ
カモ目カモ科
Anas crecca ／ 38cm

国内では冬鳥。ユーラシア大陸北方で繁殖し、日本全国で越冬する。日本国内で最もよく見られる小形のカモの1種。富士山周辺では、河川や湖などで多数が冬鳥として観察される。数羽で群れることが多い。雄は茶褐色の頭部と目の周りの緑色の模様が特徴。雌雄ともにある緑色の翼鏡も識別ポイント。(MG)

ホシハジロ
カモ目カモ科
Aythya ferina ／ 45cm

国内では冬鳥。ユーラシア大陸北方で繁殖し、日本全国の水辺や海上で越冬する。富士山周辺では、河川や湖などで冬鳥として観察される。頭部が赤褐色、背面が灰色の少し大形のカモ。雌の外観は雄ほど明瞭ではない。潜水採食するため、水に潜る様子がよく観察される。(MG)

キンクロハジロ
カモ目カモ科
Aythya fuligula ／ 40cm

国内では冬鳥。ユーラシア大陸北方で繁殖し、日本全国で越冬する。富士山周辺では冬鳥として、河川や沿岸の水辺で観察される。やや小形の潜水ガモ。雄は長い冠羽がある。スズガモと似た外観だが、本種は背面が黒い（スズガモは灰色）。単独〜数羽で行動することが多い。(MG)

スズガモ
カモ目カモ科
Aythya marila ／ 45cm

国内では冬鳥。ユーラシア大陸北部などで繁殖し、日本全国で越冬する。富士山周辺では冬鳥。沿岸部で少数が観察される。キンクロハジロと外観は似るが、本種は背面が灰色（キンクロハジロは黒色）。海上や海辺の湖沼などで群れで行動する様子が見られる。数万羽の大きな群れを作ることもある。(MG)

ホオジロガモ
カモ目カモ科　*Bucephala clangula* ／45cm

国内では冬鳥。ユーラシア大陸中部，北部で繁殖し，日本では本州中部以北で越冬する。富士山周辺では，沿岸部などで観察される冬鳥だが，個体数は多くはない。潜水ガモ。名前のとおり雄の頬に白い斑があるのが特徴。少数の群れで行動することが多い。(MK)

ミコアイサ
カモ目カモ科　*Mergellus albellus* ／42cm

国内では冬鳥。ユーラシア大陸北部で繁殖し，全国で越冬する。富士山周辺では，淡水域で少数が越冬。アイサ類では最も小形の潜水ガモ。雄は全身が白く，目の周りが黒いパンダのような模様が特徴。「ミコ」とは，巫女の白い衣装に由来する。単独〜少数で行動し，長時間潜水して採食する。(MK)

カワアイサ
カモ目カモ科　*Mergus merganser* ／65cm

ユーラシア大陸とアメリカ大陸の北方で繁殖し，日本全国で越冬する。北海道では少数が繁殖する留鳥。富士山周辺では冬鳥。富士川河口や富士五湖などで群れが見られる。個体数は年変動が大きい。名前のとおり，河川や湖沼に多いが海上にもいる。数羽の群れで行動することが多い潜水性の鳥。(KH)

カイツブリ
カイツブリ目カイツブリ科　*Tachybaptus ruficollis* ／26cm

国内では留鳥。全国で見られる。ただし，本州北部以北では夏鳥。富士山周辺では平地の淡水域で広く見られる留鳥。日本のカイツブリ類で最小。潜水性の鳥。浮巣（うきす）とよばれる水上に浮かんだ巣を，水草の枯れ草などを集めて作り繁殖する。鳴き声は「キュルルルル」。(MK)

カンムリカイツブリ
カイツブリ目カイツブリ科　*Podiceps cristatus* ／56cm

国内では留鳥。九州以北で越冬し，広く見られる。本州では，東北や北陸，近畿の一部で繁殖している。富士山周辺では沿岸や淡水域で広く見られる冬鳥。大形のカイツブリ類。細長い首が特徴で，夏羽は赤褐色だが，冬羽では上面が暗色で顔から喉にかけて白い。(MG)

ハジロカイツブリ
カイツブリ目カイツブリ科　*Podiceps nigricollis* ／30cm

国内では冬鳥。ユーラシア大陸などで繁殖し，日本全国で越冬する。富士山周辺では沿岸や富士五湖などの淡水域で広く見られる冬鳥。小形のカイツブリ類。近縁種のミミカイツブリに似るが，ずんぐりした体形と，冬羽では褐色がかった顔，夏羽では大きな顔の飾り羽で識別できる。(NM)

シロエリオオハム
アビ目アビ科　*Gavia pacifica* ／65cm

国内では冬鳥。ユーラシア大陸の北方で繁殖し，日本では九州以北の全国で越冬する。富士山周辺では，奥駿河湾などの沿岸や外洋で見られる冬鳥。海洋に生息する潜水性のアビの仲間。冬羽は近縁種のオオハムと酷似するが，オオハムと異なり脇の後方に白色部がない。長時間の潜水を行って採食する。(NM)

アオバト
ハト目ハト科　*Treron sieboldii* ／33cm

国内では本州，四国，九州で留鳥。北海道では夏鳥，南西諸島では冬鳥。森林に生息する。富士山周辺では留鳥で，富士山中域以下の森林に生息する。夏には単独〜数羽で行動する。全身オリーブ色の外観が種名の由来である。「アーオ，アーオ」と特徴のある低い声で鳴き，遠方からもよく聞こえる。(MG)

キジバト

ハト目ハト科
Streptopelia orientalis
33cm

国内では留鳥。全国の農地，森林，樹木のある草原から，住宅地の公園や庭など幅広く見られる。最も一般的なハトだが，平地と異なり，山中の森林では多くない。富士山周辺では，亜高山帯の森林から平地の庭先まで広域に生息し，五合目の駐車場などでも見られる。雌雄同色で，キジを連想させる模様が名前の由来。鳴き声は低く「デデッポポー，デデッポポー」。ハト類は「ピジョンミルク」と呼ばれる乳白色の栄養価の高い分泌物を出し，雛に与えて育てる。これはハト類に特徴的な能力であり，繁殖に虫の発生時期などが影響されにくいため，ハト類がほかの鳥よりも長い繁殖期を有することにつながっている。本種は樹上に木の枝などで平皿様の簡素な巣を作り，白い卵を産んで繁殖する。一夫一妻。

(MG)

背面の模様が種名の由来

亜高山帯での生息環境 (MG)

(MG)

オオミズナギドリ

ミズナギドリ目ミズナギドリ科
Calonectris leucomelas / 49cm

国内では留鳥。海洋の島嶼で繁殖し，繁殖期以外は海上で過ごす。富士山周辺では，奥駿河湾などの外洋で観察される。沖合の船上からだけでなく，海岸から観察されることもある。最も多く見られるミズナギドリ類。ウミネコ程度のサイズで，長い翼と白い顔や下面が特徴。駿河湾沖の伊豆諸島でも繁殖する。

(KH)

カワウ

カツオドリ目ウ科
Phalacrocorax carbo / 81cm

国内では留鳥。沿岸から淡水まで全国に生息する。富士山周辺では，富士山麓の河川や湖沼から海岸線まで広く見られる留鳥。大形の潜水性の鳥で名前に「川」と入っているが，海でも見られる。群れで行動することが多く，繁殖期には大きなコロニーを作って主に樹上で集団営巣する。

(TK)

ウミウ

カツオドリ目ウ科
Phalacrocorax capillatus / 84cm

国内では留鳥。九州以北の全国で局地的に繁殖する。越冬期や非繁殖個体は全国の海岸に生息。海に多いが，稀に淡水域でも観察される。富士山周辺では沿岸部で見られる留鳥。カワウと似た外観だが，口角の形状で見分けられる。潜水して魚を捕る。カワウ同様に潜水後に羽を広げて乾かす。

(NM)

ヨシゴイ

ペリカン目サギ科
Ixobrychus sinensis / 36cm

国内では夏鳥。東南アジアなどで越冬し，九州以北の全国の湿地のアシ原といった，水辺の草原環境で繁殖する。富士山周辺では，平地の湿原などで繁殖する夏鳥。ハト大の小形サギ類。褐色の外観や首の喉に縦じまの模様はアシ原では保護色であり，首をまっすぐ縦に延ばして，草の茎に擬態して身を隠す。

(KH)

ゴイサギ
ペリカン目サギ科
Nycticorax nycticorax ／ 57cm

国内では東北以南〜九州以北の全国で留鳥, 北海道では夏鳥。幼鳥は成鳥と違い全身が茶褐色。富士山周辺では, 山麓から平地にかけて, 河川や水田および, その近くの森林に生息する留鳥。中形のサギで主に夜行性だが, 日中も活動する。水辺や農耕地の水田などで獲物を捕らえる。声は「グワッ, グワッ」。

(MK)

アマサギ
ペリカン目サギ科
Bubulcus ibis ／ 50cm

国内では九州で留鳥, それ以北では越冬期には南下する夏鳥。水辺や農耕地に生息する。富士山周辺では夏鳥で, 山麓から平地までの水辺や田園に広く見られる。全身白色だが, 繁殖期には頭が鮮やかなオレンジ色になる。コサギに似るが, 趾の色の違いなどで区別できる。乾燥した農耕地を好む。

(KH)

アオサギ
ペリカン目サギ科
Ardea cinerea ／ 93cm

国内では留鳥。ただし北海道は夏鳥で沖縄では冬鳥。水辺や農地に生息する。富士山周辺では, 山麓から平地や沿岸まで広く生息する留鳥。全身の灰色を蒼色として, 名前の由来になっている。ダイサギよりも大形で, 識別も容易。水田などの水辺で獲物を捕らえる。繁殖期には樹上に営巣する。

(MG)

ダイサギ
ペリカン目サギ科
Ardea alba ／ 90cm

富士山周辺では, 山麓から平地, 沿岸にかけての水辺で広く観察される。大形の白サギ類。大陸で繁殖して冬に渡来する大形の亜種ダイサギと, 国内で繁殖している小形の亜種チュウダイサギがおり, それぞれ渡り鳥である。結果的に1年を通じて観察される。水辺で魚などを捕らえる。

(MG)

チュウサギ
ペリカン目サギ科
Egretta intermedia ／ 68cm

国内では北海道を除く全国で夏鳥だが, 九州などでは越冬する。富士山周辺では夏鳥。山麓から平地にかけての水辺で広く観察される。中形のサギ類。ほかの白サギと比べてずんぐりとした印象で, 首が太く短いことや口角の形状や足先の色の違いからから識別できる。水辺でゆっくりと歩きながら採食する。

(KH)

コサギ
ペリカン目サギ科
Egretta garzetta ／ 61cm

国内では留鳥。北海道を除く全国に生息する。富士山周辺では夏鳥。山麓から平地にかけての水辺で広く観察される。小形のサギ類。体サイズの小ささと趾が黄色いことから識別できる。夏には繁殖のための飾り羽が現れる。水中で獲物を追いだすために脚を小刻みに震わせる。

(TM)

クイナ
ツル目クイナ科
Rallus aquaticus ／ 29cm

国内では東北以北で留鳥, 九州や四国では冬鳥。水辺や湿地の草むらに生息する。富士山周辺では浮島沼などの平地の湿原やアシ原に生息する留鳥。やぶに潜っていることが多いため, 観察頻度は稀。茶色い全身に赤色味のある長い嘴が特徴の中形クイナ類。「クィー, クィー」などの多様な声を出す。

(MK)

バン
ツル目クイナ科
Gallinula chloropus ／ 32cm

国内では全国に生息する留鳥。水際のアシ原やハス田などに生息する。富士山周辺では平地の水辺にいる留鳥。全身が黒色で赤い額と黄色く長い脚をもつ中形クイナ類。水上に枯れ草などを集めて巣を作る。夏には全身黒色の雛を連れて歩く姿を見かけるもある。鳴き声は「クルルルルー」。

(KH)

オオバン
ツル目クイナ科
Fulica atra / 39cm

国内では本州や九州で留鳥，北海道で夏鳥。富士山周辺では，山麓から平地の河川や湖などの水辺で見られる留鳥。全身が黒色で白い額をもつ大形クイナ類。バンに似るが，大きさと額の色の違いで識別できる。水面を泳いで生活する。「キョン，キョン」と鳴き，冬は群れで行動する。

(MG)

ジュウイチ
カッコウ目カッコウ科
Hierococcyx hyperythrus / 32cm

国内では夏鳥。東南アジアで越冬し，繁殖期には全国の山地の森林に渡来する。富士山周辺では夏鳥。亜高山帯から山麓にかけての森林に生息する。カッコウに似るが，赤色味のある下面はほかのカッコウ類にはない特徴。「ジューイチ，ジューイチ」と大きな声で鳴く。他種の巣へ卵を産む「托卵」を行う。

(MG)

ホトトギス
カッコウ目カッコウ科
Cuculus poliocephalus / 28cm

国内では夏鳥。本州以南の森林で繁殖し，東南アジアなどの熱帯で越冬する。富士山周辺では夏鳥。中程度の標高から平地までの森林に生息する。日本のカッコウ類では最小。声は「テッペンカケタカ」と聞こえ，昼間だけでなく夜間にも飛びながら盛んに鳴く。主にウグイスに托卵する。

(MM)

ツツドリ
カッコウ目カッコウ科
Cuculus optatus / 33cm

国内では九州以北で繁殖する夏鳥。東南アジアなどで越冬する。富士山周辺では，亜高山帯以下の森林に生息する夏鳥。カッコウとホトトギスの中間ほどの大きさのカッコウ類。「ポポ，ポポ」と，竹筒を吹くような独特の声で鳴き，これが種名の由来である。森林に潜むので姿を見ることは稀。

(KMi)

カッコウ
カッコウ目カッコウ科
Cuculus canorus / 35cm

国内では九州以北の全国で繁殖する夏鳥。東南アジアなどの熱帯で越冬する。富士山周辺では夏鳥。亜高山帯近くから平地までの広い範囲の開けた草原環境に生息する。灰褐色の背面と黄色いアイリングが特徴。「カッコウ，カッコウ」と鳴く。主な托卵の宿主はモズやオオヨシキリ。

(KH)

ヨタカ
ヨタカ目ヨタカ科
Caprimulgus indicus / 29cm

国内では九州以北の全国で繁殖する夏鳥。東南アジアなどの熱帯で越冬する。富士山周辺では，亜高山帯から平地にかけての森林に生息するが数は多くない。茶褐色の地味な外観で，小さな嘴に大きな口，長い翼と，独特の形態をしている。夜行性で「キョキョキョキョキョ……」と鳴く。

(MG)

アマツバメ
アマツバメ目アマツバメ科
Apus pacificus / 20cm

国内では北海道を除く九州以北で繁殖する夏鳥。南方で越冬する。富士山周辺では夏鳥で，高山帯で繁殖するだけでなく，上空を群れで飛ぶ様子が，渡りの時期を含めて各地の上空で見られる。腰の白斑とV字型の長い尾が特徴。空中生活に特化しており，交尾や睡眠など生活の大半を飛びながら行う。

(MM)

ヒメアマツバメ
アマツバメ目アマツバメ科
Apus nipalensis / 13cm

国内では留鳥。本州や伊豆諸島などの関東以西の一部で局地的に繁殖。主に市街地や農地に生息する。富士山周辺では富士川河口などで局地的に見られる留鳥。小形のアマツバメ類。ツバメやイワツバメに似るが，丸い尾，白い喉，翼の形の違いで識別できる。日中は大半を空中で過ごす。

(KMi)

タゲリ
チドリ目チドリ科
Vanellus vanellus／32cm

国内では冬鳥。ユーラシア大陸中部や北部などで繁殖し、九州以北で越冬する。富士山周辺では、浮島沼など平地の湿原や水田で観察される冬鳥。背中の金属光沢がある暗緑色と頭部の長い冠羽が特徴。数羽から数十羽の群れで行動することが多く、幅広い翼でフワフワと独特の飛び方をする。

ケリ
チドリ目チドリ科
Vanellus cinereus／36cm

国内では留鳥。本州の中央（近畿地方など）に多い。畑や水田のような農地に生息する。富士山周辺では浮島沼や平地の水田などに局地的に生息する留鳥。日本では最も大形のチドリ類。灰色の頭部、黄色い嘴、長い脚が特徴。「ケリッ」と鳴く。農耕地のあぜや休耕田などの地面に営巣する。

ダイゼン
チドリ目チドリ科
Pluvialis squatarola／29cm

国内では旅鳥か冬鳥。シベリアなど北方で繁殖し、南方の越冬地への渡りの途中で日本に立ち寄る。関東以西では少数が越冬。富士山周辺では旅鳥。浮島沼や富士川河口などで観察される。夏羽では白黒のツートンカラーが特徴。ムナグロとは外観が似るが、体サイズは大きく、生息環境も異なる。

イカルチドリ
チドリ目チドリ科
Charadrius placidus／21cm

国内では留鳥。北海道を除く九州以北の河川敷など、水辺の砂礫地に生息する。富士山周辺では、淡水域の砂礫地に生息する。富士川河口や浮島沼などで稀に観察される。コチドリと姿が似るが本種の方が少し大形であることと、眼の周りの黄色い輪（アイリング）が不明瞭であることから識別できる。

コチドリ
チドリ目チドリ科
Charadrius dubius／16cm

国内では夏鳥。日本やユーラシア大陸で繁殖し、温帯や熱帯地方で越冬する。田園などの開けた環境に生息。富士山周辺では水田や浮島沼などの裸地・湿原環境で観察される。明瞭な黄色いアイリングが特徴。卵や雛に敵が近づくと、怪我をしたふりをして敵の目を自分にひきつける「擬傷」を行う。

シロチドリ
チドリ目チドリ科
Charadrius alexandrinus／17cm

国内では主に留鳥だが北日本では夏鳥。干潟や砂浜など海辺に生息する。富士山周辺では、干潟や海沿いの湿地に生息する留鳥か旅鳥。白っぽい印象で夏羽の雄は頭頂が茶色っぽいオレンジ色になる。砂浜に地面をくぼませただけの簡素な巣を作る。コアジサシのコロニー内で営巣することがある。

ヤマシギ
チドリ目シギ科
Scolopax rusticola／34cm

国内では主に留鳥だが北海道では夏鳥、九州や四国では冬鳥。森林や農地に生息する。富士山周辺では山麓から平地にかけて稀に観察される留鳥。タシギなどよりも大形でずんぐりとしており、眼が大きいことが特徴。長い嘴を地面に差し込みミミズなどを捕らえる。夜も活動する。

オオジシギ
チドリ目シギ科
Gallinago hardwickii／30cm

国内では夏鳥。オーストラリアなどで越冬し、富士山周辺では朝霧高原や北富士演習場などで繁殖する。地面に嘴を差し込んで採食する。繁殖地で雄は雌へのアピールのディスプレイとして、「ザザザザザ……」と激しい音をたてながら、急降下する独特の飛翔行動を行う。

タシギ
チドリ目シギ科
Gallinago gallinago / 26cm

国内では旅鳥または東北以西で冬鳥。水辺の草むらや農耕地に生息する。富士山周辺では，山麓から平地にかけての草地環境に生息する冬鳥。ほかのジシギ類と比較してやや小形。単独〜数羽の群れで行動し，敵が近づくとじっとして身を隠し，目立たない。ジシギ類の中では最も観察頻度が高い。(MK)

イソシギ
チドリ目シギ科
Actitis hypoleucos / 20cm

国内では主に留鳥で東北以北では夏鳥。富士山周辺では，山麓から平地の水辺や海岸線に生息する留鳥。頸と体の境目にある白い切れ込みが特徴。単独でいることが多く，地上を歩く際には尾を上下に頻繁に振り，飛ぶ際には「チュリリー」と鳴く。渡りの時期には海岸や水田などで幅広く見られる。(MG)

ミユビシギ
チドリ目シギ科
Calidris alba / 19cm

国内では旅鳥または冬鳥。シベリアなどで繁殖し，日本を含む温帯域で広く越冬する。富士山周辺では富士川河口などの海辺で稀に見られる冬鳥。名前の通り，趾が3本である点が特徴。冬羽の外観は白色や灰色。海辺に生息し，特に砂浜を好む。数十羽から数百羽の群れで集団で採食する。(KH)

トウネン
チドリ目シギ科
Calidris ruficollis / 15cm

国内では主に冬鳥，東北以北では旅鳥。日本には多数が飛来する小形のシギ。アラスカなどで繁殖し，オーストラリアや日本で越冬する。富士山周辺では，富士川河口などの海辺に訪れる冬鳥。干潟や砂浜などの海辺，水田などの内陸の水辺に生息する。チョコチョコと歩きながら，地面を突いて採食する。(MK)

ハマシギ
チドリ目シギ科
Calidris alpina / 21cm

国内では北海道では旅鳥で，本州以西では冬鳥。シベリアやアラスカ沿岸などで繁殖し，日本を含む温帯や熱帯で越冬する。富士山周辺では，富士川河口などの海辺に訪れる冬鳥。少し下方に反った長い嘴をもつ。国内で見られるシギの中では個体数が多い種で，時には数千から数万羽の群れが見られる。(MK)

タマシギ
チドリ目タマシギ科
Rostratula benghalensis / 24cm

国内では主に西日本に生息する留鳥。本州以南で繁殖し，北海道では旅鳥。水田や湿地など内陸の淡水の水辺に生息する。富士山周辺では，浮島沼や平地の田園地帯などに生息する留鳥。個体密度は高くなく，観察頻度は稀。雄よりも雌のほうが鮮やかで，雌雄ともにアイリングが目立つ。(MG)

ユリカモメ
チドリ目カモメ科
Larus ridibundus / 40cm

国内では冬鳥。ユーラシア大陸北部などで繁殖し，越冬のために日本に渡来。沿岸から淡水域まで広く水辺に生息する。富士山周辺では冬鳥。沿岸から淡水域にかけて多数が容易に見られる。やや小形のカモメ類で，身体は細く，赤い脚と嘴が特徴。頭部は夏羽では黒色，冬羽では白色。群れで行動する。(NM)

ウミネコ
チドリ目カモメ科
Larus crassirostris / 46cm

国内では留鳥。島嶼や沿岸の岩礁で営巣し，海岸や沿岸に近い内陸の水辺に生息する。富士山周辺では奥駿河湾など沿岸部で多数が観察される冬鳥。全国で最もよく見られるカモメの1種で，冬にはほかのカモメ類とも群れをつくる。セグロカモメよりも小さく，ユリカモメよりも大きい中形のカモメ類。(MG)

セグロカモメ
チドリ目カモメ科
Larus argentatus ／ 61cm

国内では冬鳥。ユーラシア大陸沿岸などで繁殖し、九州以北の沿岸域で越冬する。富士山周辺では冬鳥。奥駿河湾など沿岸部に生息し、容易に観察できる。大形で、背面が薄い灰色で翼の先端は黒い。越冬地では群れで過ごし、オオセグロカモメやウミネコなどとも混群を作る。(MG)

オオセグロカモメ
チドリ目カモメ科
Larus schistisagus ／ 64cm

国内では主に冬鳥。北海道では留鳥、東北以南では冬鳥。富士山周辺では奥駿河湾などの沿岸部で多数が生息し、容易に観察できる。大形カモメ類で暗灰色の背面が特徴。繁殖地では集団営巣を行う。ほかのカモメ類同様に、幼鳥の外観は成鳥とは大きく異なり、成鳥羽になるまで数年かかる。(MG)

コアジサシ
チドリ目カモメ科
Sterna albifrons ／ 24cm

国内では夏鳥。オーストラリアなどで越冬し、日本へは繁殖のために渡来する。海辺や内陸の河川敷のような砂礫地などで繁殖する。富士山周辺では夏鳥。沿岸域や河川などで観察される。国内のアジサシ類では小形。ホバリングを行い、空中から水中に飛び込んで小魚などを捕らえる。(KH)

ウミスズメ
チドリ目ウミスズメ科
Synthliboramphus antiquus ／ 25cm

国内では留鳥。天売島や南千島、三貫島などで繁殖し、主に東北以北の海上で越冬する。富士山周辺では奥駿河湾などの沿岸で冬鳥。小形のウミスズメ類で、繁殖地では岩のすき間などで営巣、孵化した雛はすぐに巣立ち、親鳥と沖合で生活する。越冬期には数羽以上の群れで行動し、外洋や沿岸で見られる。(MK)

ミサゴ
タカ目ミサゴ科 ／ *Pandion haliaetus*
雄 54cm、雌 64cm

国内では留鳥。海辺や湖沼、河川などの水辺に生息。富士山周辺では、淡水域や沿岸の水辺に生息する留鳥か冬鳥。中形の猛禽類で、白い顔に黒い過眼線、黒褐色の翼に白い腹と、白黒のコントラストが明瞭。魚食性で、獲物へ狙いを定め、水中へ急降下して脚で獲物を捕らえる。(MG)

ハチクマ
タカ目タカ科 ／ *Pernis ptilorhynchus*
雄 57cm、雌 61cm

国内では夏鳥。東南アジアで越冬し、日本へ繁殖のために渡来する。低山の森林に生息する。富士山周辺では、山麓や周辺の山に渡来する夏鳥。中形の猛禽類で体色・模様の個体差が大きい。猛禽類だがハチの巣を襲って食べる独特の食性をもつ。(NM)

トビ
タカ目タカ科 ／ *Milvus migrans*
雄 59cm、雌 69cm

国内では留鳥。海岸や河川の水辺、森林に広く生息する。富士山周辺では留鳥。亜高山帯以下、平地や沿岸域まで広く最もよく見られる猛禽類。中形で全身は茶褐色で、閉じた際にV字型になる尾が特徴。大きな群れを作ることがある。鳴き声は「ピーヒョロロロ」。(MG)

チュウヒ
タカ目タカ科 ／ *Circus spilonotus*
雄 48cm、雌 58cm

国内では留鳥か冬鳥で、一部の地域で繁殖している。冬になると北方から多数が日本に飛来する。富士山周辺では冬鳥で、浮島沼などの湿原に渡来する。中形の猛禽類で色彩に個体差があり、全身茶色っぽい個体、部分的に灰色っぽい個体などさまざま。ひらひらと飛び、ネズミなどを捕獲する。(MK)

74

富士山で見られる鳥ガイド　Mt.FUJI Bird catarogue

ツミ
タカ目タカ科／*Accipiter gularis*
雄 27cm, 雌 30cm

国内では留鳥。山地の一部では夏鳥か旅鳥，平地の一部では冬鳥。日本で最小の猛禽類。森林に生息し，人家のそばの雑木林や市街地でも見られ，寺社林や街路樹で営巣する。富士山周辺では主に留鳥。背面は灰色で，腹面は白地に褐色の横じま模様があり，雄は赤色味がかる。(MG)

ハイタカ
タカ目タカ科／*Accipiter nisus*
雄 32cm, 雌 39cm

国内では留鳥。九州以北の森林に生息。山地の一部では夏鳥・旅鳥，平地の一部では冬鳥。富士山周辺では主に留鳥。ハト程度の大きさの小形の猛禽類。ほっそりとした体形，背面は青色味がある灰色で，雄の胸部は鮮やかな赤褐色。森林内で単独で行動することが多く，小鳥や小動物を襲う。(KH)

オオタカ
タカ目タカ科／*Accipiter gentilis*
雄 50cm, 雌 58cm

国内では九州以北で留鳥。琉球諸島などでは冬鳥。森林や農耕地に生息する。富士山周辺では山麓以下の里山環境に生息する留鳥で，一部の水辺などでは冬鳥。カラス程度の中形の猛禽類。成鳥は背面が暗灰色で，下面は白色でしま模様が入る。比較的開けた場所を好み，小鳥やカモ類などを捕食する。(MG)

サシバ
タカ目タカ科／*Butastur indicus*
雄 47cm, 雌 51cm

国内では夏鳥。東南アジアで越冬し，九州以北の低山や平地の森林で繁殖する。富士山周辺では，山麓以下の里山環境に生息する夏鳥で，渡りの季節には旅鳥として各地でたまに見られる。カラスよりやや小さい中形の猛禽類。里山で繁殖し，農地が見渡せる樹上からカエルなどを探す。(KH)

ノスリ
タカ目タカ科／*Buteo buteo*
雄 52cm, 雌 56cm

国内では留鳥。九州以北の全国の森林で繁殖する。富士山周辺では留鳥でトビとならんで最もよく見られる猛禽類。山地の中腹から平地まで広く生息し，亜高山帯で飛翔していることもある。カラスよりやや大きく，背面は茶褐色で体色は大きな個体差がある。森林内の樹上で営巣する。(MG)

フクロウ
フクロウ目フクロウ科
Strix uralensis／50cm

国内では留鳥。九州以北の森林に生息する。富士山周辺では亜高山帯よりも低い森林から，平地の森林まで広く見られ，夏の夜はあちこちで声が聞こえる。夜行性で「ゴロスケホッホッ」と鳴く。やや大形の最も代表的なフクロウ類。ネズミや小鳥を捕らえる。(NM)

アオバズク
フクロウ目フクロウ科
Ninox scutulata／29cm

九州以北に渡来する亜種アオバズクは夏鳥，沖縄などには留鳥の別亜種が生息する。富士山周辺では山麓の森林や社寺林などで見られる稀な夏鳥。やや小形のフクロウ類で丸い頭と茶色い外観，黄色い虹彩が特徴。住宅街周辺や神社などでも見られ，木の洞で繁殖する。夜行性で「ホッホー」と鳴く。(KH)

コミミズク
フクロウ目フクロウ科
Asio flammeus／37cm

国内では九州以北で越冬する冬鳥。アシ原などの草原を好む。富士山周辺では浮島沼などの平地の草原・湿原環境で見られる稀な冬鳥。中形のフクロウ類でトラフズクに似るが，黄色い虹彩や短い羽角などで区別できる。開けた場所を好む。夜行性だが日中に行動することもある。(MK)

カワセミ
ブッポウソウ目カワセミ科
Alcedo atthis／17cm

国内では留鳥。北海道では夏鳥。河川や海岸の水辺に生息する。富士山周辺では留鳥として，富士五湖周辺や河川，水田などの水辺に広く生息する。鮮やかな翡翠色の頭部と背面，オレンジ色の腹面が特徴。雄の下嘴は黒色で雌は赤色。水中へダイビングして魚などを捕らえる。

(MK)

アリスイ
キツツキ目キツツキ科
Jynx torquilla／18cm

国内では留鳥。東北以北では夏鳥，本州中部以西では冬鳥。森林や潅木のある開けた環境で繁殖し，アシ原などの草原や疎林で越冬する。富士山周辺では，冬鳥として平地の草原などに飛来。草地に潜んでいるため，あまり見られない。小形のキツツキ類。主食はアリで，長い舌でからめ取って食べる。

(MK)

コゲラ
キツツキ目キツツキ科
Dendrocopos kizuki／15cm

全国の森林，公園や住宅街の緑地に生息する留鳥。富士山周辺では亜高山帯の森林から平地まで広く多数が生息している。山地では夏鳥。平地の一部では冬鳥の地域もある。日本で最も小さなキツツキ類で，人里でも見られる身近な鳥。鳴き声は「ギーギー」。

(MG)

オオアカゲラ
キツツキ目キツツキ科
Dendrocopos leucotos／28cm

国内では九州以北の全国の森林に生息する留鳥。富士山周辺では森林で見られるが，個体数は多くない。ハト大の中形キツツキ類で，白黒の外観と赤色の下面が特徴。アカゲラに似るが，より大きく，胸から腹にかけて細かな縦斑模様がある。「キョッ，キョッ」と鳴き，ドラミングも大きい。

(KH)

アカゲラ
キツツキ目キツツキ科
Dendrocopos major／24cm

国内では本州と北海道に留鳥として森林に生息。富士山周辺では，亜高山帯から平地まで広く森林に生息する。ヒヨドリほどの大きさの身近なキツツキ類。白黒の色彩と腹部の赤色が特徴。背中に大きな八の字型の白斑があり，ほかのキツツキ類と区別できる。後頭部に赤い羽があれば雄。

(KH)

アオゲラ
キツツキ目キツツキ科
Picus awokera／29cm

国内では本州以南の平地で留鳥。中程度の標高の山林に生息する。富士山周辺では中腹以下の標高の森林に生息し，富士五湖畔などでも見られる。全身が緑色の中形キツツキ類。頭頂部の赤い部位が大きいと雄（写真は雌）。日本固有種。「ピョーピョーピョー」と鳴き，ドラミングも行う。

(MK)

チョウゲンボウ
ハヤブサ目ハヤブサ科／*Falco tinnunculus*
雄 33cm，雌 39cm

国内では本州南西部以北で留鳥，それ以南で冬鳥。農地，河川や海岸などの水辺，草原などの開けた場所や都市部にも生息する。富士山周辺では，山の上のほうで夏鳥，それ以外で留鳥，または冬鳥として広く観察される。小形のハヤブサ類で，空中でホバリングして地上の獲物を狙う。

(MG)

ハヤブサ
ハヤブサ目ハヤブサ科／*Falco peregrinus*
雄 42cm，雌 49cm

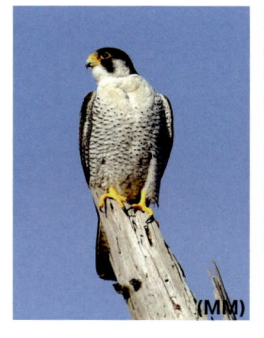

国内では留鳥。九州以北の全国で繁殖し，それ以南では冬鳥。海岸の岩場や，コンクリートの建物がある市街地，低地の農耕地，草地などに生息する。富士山周辺では，淡水域や草原等で冬鳥としてよく見られる。中形のハヤブサ類で，高所から急降下して，ハトなど飛翔する鳥を上から襲って捕まえる。

(MM)

サンショウクイ
スズメ目サンショウクイ科 / *Pericrocotus divaricatus* / 20cm

九州以北に渡来する亜種サンショウクイは夏鳥で低山の森林に生息。富士山周辺では，山麓以下の森林や社寺，都市公園などの緑地で見られるが，密度は高くない。白色と黒色の外観が特徴。「ヒリリー，ヒリリー」と飛びながら鳴く。この声がヒリリと辛い山椒の実を連想させたのが種名の由来。(KH)

サンコウチョウ
スズメ目カササギヒタキ科 / *Terpsiphone atrocaudata*
雄 45cm，雌 18cm

国内では夏鳥。東南アジアで越冬する。富士山周辺では山麓以下の森林に生息するが，個体数は多くない。冠羽と青いアイリングが特徴。雄は非常に長い尾をもつ。「ツキ，ヒ，ホシ，ホイホイホイ」と鳴き，これが月・日・星と聞きなせることから，「三光」鳥と名づけられた。(NM)

モズ
スズメ目モズ科 / *Lanius bucephalus* / 20cm

国内では留鳥，北日本では夏鳥。農耕地や河川敷，潅木のあるアシ原，林縁，公園などの開けた環境にいる。富士山周辺では山地の草原から平地まで広く生息する普通種。山では少ないが，平地では多く見られる。山地では夏鳥。身近な鳥で，住宅街周辺の公園などでも見られる。(MG)

カケス
スズメ目カラス科 / *Garrulus glandarius* / 33cm

国内では留鳥で全国の森林に広く生息。富士山では亜高山帯から麓や平地の森林まで広く見られる。山の上のほうでは夏鳥，平地の一部では冬鳥。雌雄同色。ハト大の大きさで，赤褐色の体で，翼には青と白と黒の模様がある。群れで生活し，雑食性で，秋にはどんぐりなどを土中や木の洞に貯食する。(MG)

オナガ
スズメ目カラス科 / *Cyanopica cyanus* / 37cm

国内では留鳥。本州中・北部，九州の一部の住宅地，農耕地，疎林などの森林に生息。富士山周辺では，山麓から平地までの農地や疎林で見られる留鳥。雌雄同色。黒い頭，水色の翼と長い尾が特徴。人里や山林で群れで生活し，高い社会性をもつ。鳴き声は「ギューイ，ギュイ，ギュイ，ギュイ」。(MK)

ホシガラス
スズメ目カラス科 / *Nucifraga caryocatactes* / 35cm

国内では留鳥。四国以北の高山の森林に生息する。富士山周辺では森林限界近くの森林に生息。観察が容易なのは富士スバルラインや富士スカイライン。越冬期になると山の中腹まで下りてくる。ハト大の大きさで雌雄同色。亜高山帯や高山帯の森林で主にハイマツやゴヨウマツの実を食べる。(MG)

ハシボソガラス
スズメ目カラス科 / *Corvus corone* / 50cm

国内では留鳥。全国の住宅地や田園などに生息。富士山周辺では，山麓以下から平地まで宅地や農地・草原などで広く見られる。最も身近なカラスの1種。ハシブトガラスよりもひと回り小さく，頭と嘴がほっそりしている。農地や草原といった開けた環境を好む。「ガー，ガー」と濁った声で鳴く。(MG)

ハシブトガラス
スズメ目カラス科 / *Corvus macrorhynchos* / 57cm

国内では留鳥。全国の住宅地，農耕地，裸地など幅広い環境に生息する。最も身近なカラスの1種。全身が黒色で，太い嘴とおでこが突き出たような形の頭部が特徴。「カー，カー」と澄んだ声で鳴く。ビル街などの都市部と山林や森林に生息し，ハシボソガラスとは好む生息環境が異なる。(MG)

キクイタダキ
スズメ目キクイタダキ科
Regulus regulus ／10cm

国内では留鳥。針葉樹林が中心の森林に生息する。山地では夏鳥で越冬期には平地にも下りてくる。富士山周辺では留鳥で，亜高山帯からふもとまでの森林で繁殖する。平地では冬鳥。日本で最も小さな鳥。頭部の黄色い冠羽が菊の花を連想させ，"頭に菊をいただく"というのが種名の由来である。(KH)

ツリスガラ
スズメ目ツリスガラ科
Remiz pendulinus ／11cm

国内では冬鳥でユーラシア大陸などから渡来する。主に九州や西日本で越冬するが，渡来数は年変動が大きく，年によっては東日本でも見られる。草原や農地，河原のアシ原などに生息する。富士山周辺では冬鳥。河口のアシ原などで見られる。とても小さな鳥で黒い過眼線が特徴。(NM)

コガラ
スズメ目シジュウカラ科
Poecile montanus ／13cm

国内では留鳥。全国の森林で見られ，富士山周辺では亜高山帯の森林から山麓，富士五湖畔など広く生息する。また平地の一部では冬鳥の地域もある。小形のカラ類でシジュウカラよりも小さく，ヒガラよりも大きい。帽子のような黒い頭部が特徴。森林の樹洞を利用して繁殖する。(MG)

シジュウカラ
スズメ目シジュウカラ科
Parus minor ／15cm

国内では留鳥。全国の森林に広く生息するが，都市の公園から山林まで生息環境は多様である。富士山周辺では中腹以下から平地までの広い範囲の森林や緑地，庭先などで多く見られる。喉から腹にかけてのネクタイのような黒い模様が特徴で，成鳥では雄のほうがより太い。(MG)

ヤマガラ
スズメ目シジュウカラ科
Poecile varius
14cm

国内では留鳥で全国の森林に生息する。日本とその周辺のみにいる東アジアの固有種である。富士山周辺では中腹から平地まで，広く森林で見られる。山地より山麓や平地のほうが個体密度は高い。照葉樹林を好むので沿岸部にもいるが，常緑・落葉樹を問わず森林であればどこにでもおり，公園や庭先でも見られる。カラ類の中では少し大きく，灰色の翼と尾，赤褐色の腹部，黒い頭頂部と淡色の頬が特徴。「ツツピー，ツツピー」とやや濁った声で鳴く。シジュウカラに似た声だが，声質とアクセントが異なる。一夫一妻で樹洞に営巣する。樹上をすばやく移動し，木の実などを食べる。秋には種子を地面や木のすき間に埋めこんで，後で食べる「貯食」を行う。冬はほかのカラ類などと混群を形成することが多い。(MG)

下面にシジュウカラのような模様はなく赤褐色 (MG)

ヒガラ

スズメ目シジュウカラ科
Periparus ater
11cm

国内では留鳥。沖縄を除く全国の森林に生息し，針葉樹林を好む。富士山周辺では亜高山帯からふもとの山林まで広く多数見られる。観察頻度が最も高い鳥の1つで富士山を代表する鳥。冬には平地の森林まで下りてくる。小形のカラ類で，冠羽があり，喉には蝶ネクタイのような黒い模様がある。シジュウカラやコガラに似るが，本種はより小さく，シジュウカラのような胸のネクタイ模様がないこと，コガラと違い頬に白斑模様があることで区別できる。雌雄同色。「ツピン，ツピン」と高い声で早いテンポで鳴く。森林内をすばやく移動し，木の枝にぶらさがりながら採食する。小群での行動が多く，繁殖期であっても，ペア以上の複数で行動していることがよくある。特に冬にはカラ類やキバシリ，コゲラなどとの混群も形成し，群れで目にする機会が多い鳥である。

顔正面（右）や後頭部（左）の模様がほかのカラ類との識別点となる

ヒバリ

スズメ目ヒバリ科
Alauda arvensis / 17cm

国内では留鳥。草原や農耕地，河川敷の裸地といった開けた環境に生息。富士山周辺では，ふもとから平地にかけて広く田園地帯や草原に見られる留鳥で，御殿場口など山地の裸地にも生息している。山地では夏鳥。雄は上空高く飛翔し「ピチュリ，ピチュリ……」と長く鳴き続ける。

ツバメ

スズメ目ツバメ科
Hirundo rustica / 17cm

国内では夏鳥。琉球諸島を除く全国で繁殖し，西日本では越冬個体もいる。沖縄では旅鳥。住宅街だけでなく，人家のある草原や農耕地に生息する。尾の両端の羽が長い点が特徴。雌雄同色。最も身近な鳥の1つで，基本的に人がいないところでは見られない。富士山麓から平地まで広く多数が生息する。

コシアカツバメ

スズメ目ツバメ科
Hirundo daurica / 19cm

国内では夏鳥で九州以北の全国に渡来。九州や四国では越冬個体も少数いる。富士山周辺では平地に夏鳥，旅鳥として渡来。富士山周辺よりも浮島沼などでよく見かける。名前のとおり，腰が赤いことが特徴。マンションのベランダの天井などに，泥でとっくり型の巣を作る。

イワツバメ

スズメ目ツバメ科
Delichon dasypus / 13cm

国内では夏鳥。九州以北の全国に渡来し，南日本では越冬する。ツバメより小さく，翼と尾は短め。崖などで集団営巣し，住宅地周辺では，コンクリート製の橋やビルなどを利用する。富士山周辺では夏鳥で，ふもとの街中で橋脚などを利用して集団営巣する。また，上空を群れて飛ぶ様子が富士山の岩場や街中で観察される。

ヒヨドリ

スズメ目ヒヨドリ科
Hypsipetes amaurotis / 28cm

国内では留鳥だが春と秋に国内を移動する個体も多い。森林から都市緑地まで広く生息する。富士山周辺では留鳥で山麓の森林から平地にかけて生息し、亜高山帯では渡りと思われる群れが稀に見られる。最も身近な鳥の1つで、鳴き声は「ヒーヨ、ヒーヨ」。

(MG)

ウグイス

スズメ目ウグイス科 / *Cettia diphone*
雄16cm, 雌14cm

国内では留鳥。北海道では夏鳥。やぶ、草原、農耕地、森林内の笹やぶなど幅広い環境に生息する。富士山周辺では、草原のような環境であれば亜高山帯から平地まで広く見られる。山の上のほうでは夏鳥、それ以外では留鳥。雄は繁殖期に「ホーホケキョ」、「ケキョ、ケキョ、ケキョ」とさえずる。

(MK)

ヤブサメ

スズメ目ウグイス科
Urosphena squameiceps / 11cm

国内では夏鳥。東南アジアで越冬し、九州以北の全国に渡来する。富士山周辺では夏鳥として繁殖するが、個体密度は低い。中腹以下からふもと周辺の森林で繁殖する。極めて小さく、茶褐色の体と短い尾が特徴。「シシシシシ……」と虫のような声で鳴く。地面にいることが多く、観察しにくい。

(KMa)

エナガ

スズメ目エナガ科
Aegithalos caudatus / 14cm

国内では留鳥。全国の森林に生息する。富士山周辺では中腹以下の森林から平地まで広く生息する。体は小さく、非常に短い嘴と長い尾が特徴。雌雄同色。繁殖期・非繁殖期とも群れで行動することが多く、冬にはほかのカラ類などと混群を作ることもある。「ジュリ、ジュリ」と鳴く。

(MG)

メボソムシクイ

スズメ目ムシクイ科
Phylloscopus xanthodryas
13cm

国内では夏鳥。東南アジアで越冬し、本州北部から九州にかけての高山に渡来する。富士山周辺では亜高山帯以上で繁殖する夏鳥だが、山梨県側は中腹から生息している。平地では旅鳥として渡りの季節に通過する。雌雄同色。背面が緑褐色で、下面は薄く黄色味を帯び、脚は黄色っぽい肉色。雄は葉の茂った樹冠部などで「チョチョリ、チョチョリ、チョチョリ……」と高い声で長く鳴く。以前は複数の亜種に分けられていたが、近年、それぞれ別種となった。富士山で見られる種はメボソムシクイ(旧亜種名メボソムシクイ)である。富士山では5月の連休前後から9月ごろまで、非常に長い期間さえずる。比較的なわばりが広く、各登山道ではあちこちで容易に声は聞こえるが、樹冠部などの茂みに潜むことが多いため、観察はしづらい。

(MG)

センダイムシクイのような頭央線がないことが識別点

(MG) 樹冠でさえずる

センダイムシクイ
スズメ目ムシクイ科 *Phylloscopus coronatus* / 13cm

国内では夏鳥。東南アジアで越冬し、日本へは九州以北に渡来する。低山の広葉樹を中心とした森林に生息する。富士山周辺では、山麓近くの緑地で見られる代表的な夏鳥。頭頂部に目立つ頭央線があることが特徴。「チヨチヨビー」とさえずり、「焼酎一杯、グイー」と聞こえる（聞きなせる）。

(MG)

メジロ
スズメ目メジロ科 *Apalopteron familiare* / 12cm

国内では留鳥。公園や住宅地の緑地、低地の森林などで見られる。富士山周辺では山麓から平地まで広く生息する留鳥。森林だけでなく、都市公園や街路樹でも容易に見られる。スズメより小さく、群れでよく行動し、樹冠ややぶですばやく動き回る。鳴き声は「チー、チー」、「チーチュルチュル」。

(MG)

オオセッカ
スズメ目センニュウ科 *Locustella pryeri* / 13cm

国内では留鳥。北東北と北関東の一部地域の湿性草原でのみ繁殖が確認されている。越冬期には東北以南で広く見られるが、観察頻度は稀。富士山周辺では冬鳥。全身は茶褐色で、背に黒斑があり、くさび型の長めの尾が特徴。個体数が少ない絶滅危惧種。浮島沼は越冬地として知られる。

(MK)

オオヨシキリ
スズメ目ヨシキリ科 *Acrocephalus orientalis* / 18cm

国内では夏鳥。東南アジアで越冬し、日本には九州以北へ繁殖のために渡来。富士山周辺では夏鳥。山麓の朝霧高原や、平地の富士川河口にかけての草原環境に広く生息する。大形のヨシキリ類で草原のアシや潅木のてっぺんなどに止まり、大きな声で「ギョギョシ、ギョギョシ」とさえずる。

コヨシキリ
スズメ目ヨシキリ科 *Acrocephalus bistrigiceps* / 13.5cm

国内では夏鳥。東南アジアで越冬し、日本へは繁殖のためにアシ原や牧草地、休耕田といった草地に渡来する。富士山周辺では夏鳥。山麓の自衛隊演習場や朝霧高原から、平地の富士川河口にかけて草原環境に広く生息。雄は周囲よりも少し高い草の茎などに止まり、盛んにさえずる。

(MK)

セッカ
スズメ目セッカ科 *Cisticola juncidis* / 13cm

国内では留鳥。東北南部では夏鳥で草原に生息する。富士山周辺では、山麓の自衛隊演習場などのアシ原では夏鳥、富士川河口などの低標高の平地の草原では留鳥。頭や背は茶褐色。雄は飛びながら「ヒッヒッヒッ」、下降しながら「チャチャチャ」とさえずる、独特のさえずり飛翔を行う。

(KH)

ヒレンジャク
スズメ目レンジャク科 *Bombycilla japonica* / 18cm

国内では冬鳥。大陸から越冬のために渡来する。富士山周辺では山麓から平地の広い範囲で、森林や庭先などの緑地にやってくる冬鳥。渡来数には年変動がある。レンジャク類は寄生植物であるヤドリギの実を好み、その種子散布に貢献する。群れで行動することが多い。

(KMi)

ゴジュウカラ
スズメ目ゴジュウカラ科 *Sitta europaea* / 14cm

国内では留鳥。九州以北の森林に生息する。富士山周辺では中腹から平地にかけて生息する留鳥。ずんぐりとした体形と、短い尾、少し上向きの鋭い嘴が特徴である。雌雄同色。樹木の幹に逆さに止まり、木の表面をすばやく移動しながら採食する。「フィフィフィフィフィ」と高い声で鳴く。

(MK)

風穴の様子

ミソサザイ

スズメ目ミソサザイ科
Troglodytes troglodytes
14cm

国内では留鳥として全国の森林に生息する。富士山全域に広く生息し, 樹海では2月ごろから雪の上でさえずりはじめ, 3月末～4月上旬には雄同士が頻繁に争っている姿, 3～6月にはさえずっている姿がよく見られる。地上を動き回ることが多く, 木の根や溶岩のすき間から移動する姿も観察される。営巣環境は倒木の下や溶岩の壁面が一般的だが, 観光地の風穴や氷穴の入口にあるオーバーハングした壁面でも営巣する。一夫多妻であり, 雄だけでコケや木の根を材料に球形の巣を作り, 雌のみが抱卵や給餌を行うとされる。小さな姿に似合わず, 非常に大きく複雑な声でさえずるほか,「ツィリリリリ」という警戒声も出す。巣に捕食者が近づくと2羽で捕食者を警戒し, 羽を垂らして捕食者に近寄る擬傷のような行動をする。

巣立ちすぐの幼鳥。成鳥に酷似するが口角が黄色いことで識別できる

キバシリ

スズメ目キバシリ科
Certhia familiaris ／14cm

国内では留鳥。四国以北の森林に生息。富士山周辺では留鳥。亜高山帯からふもとまで広く森林に生息するが, 個体密度がまちまちなので, 観察頻度はやや稀。スズメよりも小さく華奢で, キツツキのように尾羽を支えに樹木の幹に止まって採食する。冬期にはカラ類などと混群を作る。

ムクドリ

スズメ目ムクドリ科
Spodiopsar cineraceus ／24cm

全国で留鳥。住宅地や平地, 農耕地などに生息し, スズメとならぶ一般種。富士山周辺では山麓から平地まで広く, 市街地や住宅地などでよく観察される留鳥である。全身灰色でオレンジ色の嘴と脚が目立つ。公園や道路の緑地帯などの地面で虫などを探し, 大きな集団ねぐらをつくる。

コムクドリ

スズメ目ムクドリ科
Agropsar philippensis ／19cm

国内では本州中部以北で夏鳥, それ以外では旅鳥。潅木のある農耕地や緑のある住宅地に生息する。富士山周辺でも夏鳥として, ふもとから平地にかけての住宅地や公園, 社寺などで観察され, 街中では地面で採食する様子も見られる。「ピュ, ピュ, ピチュル, ジュイジュイ」といった複雑な明るい声でさえずる。

マミジロ

スズメ目ヒタキ科
Zoothera sibirica ／23cm

国内では本州中部以北で夏鳥, これより南では旅鳥。シベリア東部や日本で繁殖, 東南アジアなどで越冬する。国内では中程度の標高の森林に生息し, 富士山でも同様に1,500m前後の標高帯で見られるが, 局地的な傾向がある。早朝や日暮れに樹上など高い場所で「チョロン, ツィー」とさえずる。

トラツグミ

スズメ目ヒタキ科
Zoothera dauma / 30cm

国内では留鳥。北海道では夏鳥。森林で繁殖し、越冬期は森林だけでなく、低地の公園や庭などの緑地でも見られる。富士山周辺では山麓から亜高山帯近くの森林で繁殖する夏鳥。「ヒョー, ヒョー」と寂しげな, よく通る特徴的な声で鳴く。越冬期は都市公園や農耕地でも観察される。

(MG)

クロツグミ

スズメ目ヒタキ科
Turdus cardis / 22cm

国内では夏鳥で九州以北に渡来する。低山や海岸近くの森林に生息する。富士山の全域で見られ、山麓から中程度の標高にかけて繁殖する夏山の代表種。大形ツグミ類の中では小さめ。「キョロン, キョロッコ, キュロン……」など、多様なフレーズを組み合わせた非常に複雑な声でさえずる。

(KM)

シロハラ

スズメ目ヒタキ科
Turdus pallidus / 25cm

国内では冬鳥で、本州以南で越冬する。中国などで繁殖するアジア圏の鳥。平地や低山の森林、住宅地の公園などの緑地に生息する。富士山周辺でも冬鳥として平地に渡来する。比較的よく見かける冬の一般種。地上を好み、森林などの林床などでミミズなどを採食する。地鳴きは「ツイー」。

(MK)

ツグミ

スズメ目ヒタキ科
Turdus naumanni / 24cm

国内では冬鳥。北方で繁殖し、越冬のために渡来する。平地から低山の森林や畑、住宅地の公園や河川敷などに生息。富士山周辺でも冬に山麓から平地で広く見られる普通種である。春や秋には群れで山の上にいることもある。雌雄同色。街路樹や公園の地面で食物を探す姿が見られる。

(MG)

アカハラ

スズメ目ヒタキ科
Turdus chrysolaus
24cm

国内では留鳥。四国以北の山地の森林で繁殖し、全国の平地から低山の森林や公園などで越冬する。東北以北では夏鳥、それ以外では留鳥または冬鳥。上面は褐色で下面は橙色。雌雄で体色が異なり、雄は頭部が黒っぽく、雌は喉が白いことで区別できる。冬鳥として平地に渡来する別亜種オオアカハラは頭部が亜種アカハラより黒く、アカコッコに似る。富士山の代表種の1つで、繁殖期に亜種アカハラが山麓から亜高山帯で多数が繁殖し、春先から8月ごろに「キョロン, キョロロン, ツィー」と樹上でよくさえずる。特に早朝や夕暮れによく鳴き、よく晴れた日中にはあまりさえずらない。地面で採食し、道路際などで地表を掘り返して虫などを捕らえて食べる姿が観察できる。越冬期は平地の公園や農耕地の緑地などに生息し、なわばりもつくる。

(MG)

地面近くにいることが多い

(MG) 営巣は樹上で行う

(MG)

コマドリ
スズメ目ヒタキ科
Luscinia akahige / 14cm

国内では夏鳥だが屋久島,種子島,伊豆諸島の別亜種は留鳥。日本列島とその周辺のみに生息する東アジアの固有種。富士山周辺では中標高以上の森林で繁殖するが,生息密度は高くない。林床で生活し,笹やぶなどを好む。日本三鳴鳥の1つとされ,「ヒン,カラララ」と高い声でさえずる。

(MK)

コルリ
スズメ目ヒタキ科
Luscinia cyane / 14cm

国内では夏鳥。東南アジアで越冬し,繁殖のために渡来する。富士山は繁殖地で,樹海や山中湖畔といった山麓から中程度の標高にかけての森林に生息する。林床にササなどやぶの発達した暗めの森林を好む。さえずりは「チッチッチッチッ……,ピン,カラカラカララ」と長い前奏が入ることが特徴。

(KH)

ジョウビタキ
スズメ目ヒタキ科
Phoenicurus auroreus / 14cm

国内では冬鳥。ユーラシア大陸極東部などの北方で繁殖し,越冬のため渡来する。庭木のある住宅地や都市公園など,やや開けた緑地のそばを好む。富士山周辺ではふもとから平地にかけて,広く冬鳥として渡来する。密度は高くないが,冬の平地の代表種。オレンジ色が特徴。地鳴きは「ヒッ,ヒッ」。

(MG)

ノビタキ
スズメ目ヒタキ科
Saxicola torquatus / 13cm

国内では夏鳥。本州中部以北の高原と北海道に渡来し,高地の草原,北海道では低地の草原でも繁殖する。渡りの時期には旅鳥として各地で観察される。富士山周辺では自衛隊演習場などのアシ原や朝霧高原などの牧草地などで多い。雄は少し高いところの草や電線などに止まり,盛んにさえずる。

(MG)

ルリビタキ
スズメ目ヒタキ科
Tarsiger cyanurus
14cm

国内では留鳥。北海道では夏鳥。四国以北の亜高山や高山,北海道だと低山でも繁殖する。本州中部以南の低山や平地の森林で越冬し,市街地の寺社林や公園等の緑地でも見られる。富士山周辺では亜高山帯以上の標高で多数が繁殖し,ふもとから平地で越冬もする富士山の代表種。雄は上面が落ち着いた青色で,下面と眉斑は白い。雌は全身が淡い褐色だが,尾は青色。雌雄ともに脇はオレンジ色。若い雄は雌と外見が酷似し,識別は難しい。繁殖期になると雄は樹冠で盛んにさえずる。また,春先には雄同士が争うが,このとき外見の違いが闘争の激しさに関連し,同色同士は激しく争う。地上営巣で越冬時にもなわばりをもち,さえずりは「ルリビタキだよ」と聞きなされる。地鳴きは「ヒッ,ヒッ」,「ジャッ,ジャッ」。

(MG)

若い雄(第1回夏羽)は繁殖可能だが雌に酷似した外観で青くない (MG)

巣立ち直後の雛 (MG)

キビタキ

スズメ目ヒタキ科
Ficedula narcissina
14cm

国内では夏鳥として九州以北に渡来。富士山では4月下旬に飛来し、9月末ごろまで観察される。4月末〜6月の早朝にはさえずる姿が、5月上旬にはなわばりや雌を巡って争う姿が見られる。7月末ごろから換羽するため、徐々に観察が難しくなる。富士山の多くの地域で夏鳥の優占種であり、主に標高約1500m以下の落葉広葉樹林や混交林、針葉樹林で広く繁殖する。樹冠より低い亜高木に止まることが多い。さえずりは富士山だけでも地域差が大きく、場所ごとに異なる声で鳴く。主に「ピーテュ、チュリリリ」と鳴くほか、雄同士が争う際や雌に求愛する際には、嘴を「パチッパチッ」と鳴らす。また、雌に求愛を行う際には、「∞」を描くように雌の周りを飛翔するディスプレイフライトや、雌に向かって喉の橙色を見せつけるダンスを踊る。

若い雄（第1回夏羽）。背面に灰褐色と黒色の羽が混じる

雌

オオルリ

スズメ目ヒタキ科
Cyanoptila cyanomelana
16cm

国内では夏鳥。4月下旬に越冬地の東南アジアから飛来し、9月末ごろまで観察される。4月末〜6月にはさえずる姿、5月上旬にはなわばりや雌を巡って争う姿が見られ、7月末ごろから換羽を行うため観察が困難となる。富士山ではほかの夏鳥と比べてそれほど数は多くない。主に標高約1500m以下の落葉広葉樹林や混交林、針葉樹林で広く繁殖する。他地域では沢沿いに多いが、富士の樹海では溶岩が営巣環境になるためか、沢の周辺に多いという傾向はない。雄は樹冠に止まってさえずることが多く、行動範囲は半径500m程度と非常に広い。雄は鳴きまねが上手で、キビタキなどの声をまねてさえずるため、同じ場所からさまざまな鳥の声が聞こえたら本種の可能性が高い。「ピーヒーリリ、ジャジャ」という特有のフレーズが入ることで、他種と区別できる。

当年生まれの幼鳥の雄は頭部が青くない

雌は全身茶褐色

イソヒヨドリ
スズメ目ヒタキ科
Monticola solitarius ／ 23cm

国内では留鳥。ただし北海道では夏鳥。岩床性の海岸や, 内陸の河川沿いの水辺に生息する。富士山周辺では留鳥で沿岸部の港や岩場に生息するだけでなく, 山麓の御殿場市などの内陸のビル街や河川のそばでも見られる。繁殖期には高い場所で笛の音のような非常に大きな声でさえずる。

(MG)

サメビタキ
スズメ目ヒタキ科
Muscicapa sibirica ／ 14cm

夏鳥。本州中部以北に渡来し, 亜高山帯の森林で繁殖するが, 北海道では低地でも見られる。富士山では亜高山帯で繁殖するが, 個体数は少なく, 樹上でさえずる期間は長くないので観察しにくい。雌雄同色。雄は木のてっぺんに止まり, 複雑な声で鳴く。体サイズの割には大きななわばりをもつ。

(MG)

コサメビタキ
スズメ目ヒタキ科
Muscicapa dauurica ／ 13cm

夏鳥。九州以北に渡来する。熱帯アジアで越冬, 繁殖のために渡来して夏緑樹林に生息する。富士山周辺では山麓の森林で観察される。個体密度は高くないが全域で見られる。雌雄同色。落葉広葉樹林など明るい林を好む。樹の横枝の上にコケでお椀型の巣を作る。

(KH)

カヤクグリ
スズメ目イワヒバリ科
Prunella rubida ／ 14cm

国内では留鳥。本州中部以北と四国の高山の森林で繁殖し, 九州以北で越冬する。富士山周辺では森林限界近くで繁殖する夏鳥。密度は高くないが, どの登山道でも見られる。冬は高山を離れ, 標高の低い場所の疎林などで越冬するため, 広域に生息するが, 個体密度が低く出会う頻度は稀。雌雄同色。

(MM)

イワヒバリ
スズメ目イワヒバリ科
Prunella collaris
18cm

国内では留鳥で高山の代表種。本州中部以北の高山で繁殖し, 越冬期は山のやや低い場所や南方の山地で越冬する。富士山周辺では高山帯で繁殖している。数は多くないが, 開けた登山道を歩いていると出会うことがある。春や秋には亜高山帯, 冬にはそれよりも低い場所でも見かけることがある。ややずんぐり・がっしりとした体形で, 頭部と胸は灰色, 下面は赤褐色。雌雄同色。夏には高山の森林限界よりも高い岩場などの開けた場所を好み, 群れで繁殖する。多夫多妻制という特殊な繁殖様式をもち, 1つの巣に雌だけでなく複数の雄が雛へ給餌し, さらに各雄は複数の巣を訪れる。雄は岩の上などで「チョッチョッ, チリリリ……」という細く高い声で繁殖期にさえずる。地上で採食し, 少数の群れで行うことも多い。非繁殖期には少数の群れで生活する。

(MG)

生息環境の高山帯では背景に溶け込み目立たない

岩場の上など少し高い場所でさえずる

(MG)

(MG)

スズメ
スズメ目スズメ科
Passer montanus / 14cm

国内では留鳥。市街地，農耕地などに広く生息する。日本人にとって最も身近な鳥の1つ。富士山周辺では山麓の住宅地や農耕地から海岸部の平地まで多く見られる。雌雄同色。住宅の屋根や電柱に営巣する。人間がいないところには基本的に生息しないと言われている。鳴き声は「チュン，チュン」。(MG)

キセキレイ
スズメ目セキレイ科
Motacilla cinerea / 20cm

国内では留鳥。山地から平地の農耕地まで，主に森林近くの水辺に生息する。富士山周辺では山の道路沿いやふもとの河川，平地の農耕地や公園などで広く見られる。雌雄同色。体形はスマートで下面は鮮やかな黄色。一般的には渓流などの水辺を好むが，水の少ない山の開けた岩場にいることもある。(MG)

ハクセキレイ
スズメ目セキレイ科
Motacilla alba / 21cm

国内では留鳥。全国の住宅地や農耕地の水辺に生息する。都市部でよく見られる身近な鳥の1つ。夜は街路樹などで集団ねぐらをとる。富士山周辺では山麓から沿岸部まで広く観察される留鳥だが，多くは冬鳥で，冬のほうが個体数が多い。細い体と長い尾をもち，白い顔に黒い過眼線が特徴である。(MG)

セグロセキレイ
スズメ目セキレイ科
Motacilla grandis / 21cm

日本とその周辺だけに生息する留鳥。九州以北の田圃や湿地，水のある草原に生息する。富士山周辺では山麓から平地までの農耕地に広く生息し，河川の中流域などを好む。雌雄同色でペアか単独で生活するが，数羽～数十羽の群れでねぐらをとることもある。「ジュジュッ」と濁った声で鳴く。(MG)

ビンズイ
スズメ目セキレイ科
Anthus hodgsoni / 16cm

国内では主に留鳥。東北以北では夏鳥。繁殖期は低山から高山までの森林で繁殖し，越冬期は平地の開けた環境を好む。富士山周辺では山麓から亜高山帯まで幅広く繁殖する夏鳥で，沿岸部の平地では冬鳥。雌雄同色。繁殖期は開けた場所の近くで明瞭な声でさえずり，時々さえずり飛翔もする。(MG)

タヒバリ
スズメ目セキレイ科
Anthus rubescens / 16cm

国内では冬鳥。北海道では旅鳥。主に平地の草原や農耕地，河原や海岸などの開けた裸地に渡来する。富士山周辺では平地から沿岸にかけて越冬期に観察される。雌雄同色で上面は灰色がかった褐色。外観はビンズイに似る。数羽で群れていることが多く，地面を歩きながら採食する。(MK)

アトリ
スズメ目アトリ科
Fringilla montifringilla / 16cm

国内では冬鳥で，越冬のために各地へ渡来する。富士山周辺では山林から平地まで，局所的に渡来する冬鳥。太めの体形で，赤褐色と白色のラインが入った黒い翼が特徴。雄は黒っぽい顔をしている。常に群れで行動し，数万羽の大群が見られることもあるが，群れサイズは年変動が大きい。(MK)

カワラヒワ
スズメ目アトリ科
Chloris sinica / 15cm

国内では主に留鳥。北海道では夏鳥。農耕地や河川敷，住宅地の公園などの疎林や裸地，潅木の入ったアシ原や農耕地などに生息する。富士山では山麓から沿岸部の平地まで広く見られる。住宅街の公園などでも見かける身近な種。数羽の群れで行動する。植物の種子を好む。鳴き声は「キリリ，コロロ」。(MG)

マヒワ
スズメ目アトリ科
Carduelis spinus ／12cm

国内では冬鳥。小柄で細身の体形、黄緑色の背面、腹部は白色で斑があり、雄は頭頂部が黒く、顔や胸が黄色。渡来数は年変動や地域差が大きい。富士山周辺では冬鳥で森林や緑地に渡来する。群れで行動し、時には数百羽という大群になる。ベニヒワなどと混群を作ることもある。

(MG)

ハギマシコ
スズメ目アトリ科
Leucosticte arctoa ／16cm

国内では冬鳥。山地の森林から草原、都市公園、海岸緑地や岩場まで、幅広い環境に渡来する。富士山周辺では公園などで観察されるが、個体数は少なく年変動がある。全身褐色で、嘴は短く、腹部や翼に薄紅色の斑点がある。数羽～数十羽の群れで行動し、岩場や草原などで、草の種子などを食べる。

(MG)

ベニマシコ
スズメ目アトリ科
Uragus sibiricus ／15cm

国内では北海道で留鳥。本州中部以南で冬鳥。低木のある疎林などで繁殖し、越冬期は草原、やぶ、低木のある森林、農耕地などを好む。富士山周辺では冬鳥。尾は長く、翼に白い帯状の模様がある。雄は全身が紅色。「フィ、フィホ」など口笛のような声で鳴く。林縁などで点々と見られる。

(MK)

イスカ
スズメ目アトリ科
Loxia curvirostra ／17cm

国内では局地的に繁殖しているが、多くは九州以北に渡来する旅鳥で森林に生息する。富士山周辺では少数が冬に観察されることがある。雄は全身が赤色または黄褐色。嘴の先が左右互い違いなのが特徴。松の実を好み、松かさにこの嘴の先端を差し込んでこじ開け、種子をすくい取って食べる。

(MG)

ウソ
スズメ目アトリ科
Pyrrhula pyrrhula ／16cm

国内では本州中部以北で留鳥。山地の森林で繁殖し、平地や低山の森林で越冬する。富士山周辺では山で夏鳥か留鳥、平地では冬鳥。亜高山帯の針葉樹林で繁殖し、冬には市街地の森林で数羽の群れで見られる。植物食で木の実や新芽などを好む。「フィー、フィー」と口笛のような声で鳴く。

(MG)

シメ
スズメ目アトリ科
Coccothraustes coccothraustes ／19cm

国内では本州以南で冬鳥。東北以北では少数が繁殖する夏鳥。平地から低山の森林、公園などの緑地で見られる。富士山周辺では冬鳥。渡りの途中や越冬期には群れで見られる。ずんぐりとした体形と太い嘴が特徴で種子を割って食べる。冬には餌台も利用し、ヒマワリの種を好む。

(MG)

イカル
スズメ目アトリ科
Eophona personata ／23cm

国内では留鳥。北海道では夏鳥。低山の森林で繁殖し、公園などの緑地から低山の森林で越冬する。富士山周辺では山で夏鳥か留鳥、平地で留鳥か冬鳥。雌雄同色で黄色い大きな嘴が特徴。繁殖地では梢で「キルリ、コキー」などと笛の音のような通る声で鳴く。数羽の群れで行動する。

(KH)

ホオジロ
スズメ目ホオジロ科
Emberiza cioides ／17cm

国内では留鳥。開けた場所を好み、住宅地の公園や農耕地、河原などの裸地、草原など、幅広い環境に生息する。富士山周辺では留鳥で山では夏鳥。全身が茶褐色で、目の下の白斑模様が種名の由来である。さえずりは「一筆啓上仕候（いっぴつけいじょうつかまつりそうろう）」などと聞きなされる。

(MG)

ホオアカ
スズメ目ホオジロ科 *Emberiza fucata*／16cm

国内では留鳥。九州以北で繁殖し、北海道では夏鳥。乾燥した草原や農耕地に生息する。富士山周辺では夏鳥。スズメほどの大きさで、頬は名前のとおり赤褐色。雄は草原内の背の高い草などに止まり、よくさえずる。繁殖期は富士山周辺の自衛隊演習場や牧草地でさえずる姿を見かける。

(MM)

カシラダカ
スズメ目ホオジロ科 *Emberiza rustica*／15cm

国内では冬鳥。農耕地や草原、河原など草の生えた裸地に生息する。富士山周辺では冬鳥で平地の公園やアシ原、河川敷などでよく観察される。上面は茶褐色で冠羽があり、白い眉斑がある。冬になると山林や農耕地などに渡来し、数十羽程度の群れで行動することが多い。

(MK)

ミヤマホオジロ
スズメ目ホオジロ科 *Emberiza elegans*／16cm

国内では冬鳥。越冬のために渡来し、潅木林などの開けた林を好む。富士山周辺では冬鳥で平地の公園などで観察される。雌雄ともに冠羽があり、雄は冠羽と目の周りと胸が黒く、眉斑と喉は黄色。数羽の群れで生活し、カシラダカなどと混群を作ることもある。特に西日本に多く渡来する。

(NM)

ノジコ
スズメ目ホオジロ科 *Emberiza sulphurata*／14cm

国内では主に夏鳥。本州中部以南では越冬することもある。富士山周辺では低山からやや標高の高い森林や疎林で夏鳥、平地で冬鳥。アオジに似るが、白いアイリングがある点が異なる。雄は山林の林縁などになわばりをもち、少し高い場所で盛んにさえずる。近年、全国的に個体数の増加が言われている。

(NM)

アオジ
スズメ目ホオジロ科 *Emberiza spodocephala*／16cm

本州中部以北で留鳥、ほかの地域では主に冬鳥。富士山周辺では夏緑樹林帯で夏鳥、平地で冬鳥。暗緑色の体色が種名の由来である。暗い森林から明るい草原まで、多様な環境に生息する。冬はアシ原や農耕地だけでなく、庭先など市街地でも単独または数羽の群れで比較的よく見られる。

(KH)

クロジ
スズメ目ホオジロ科 *Emberiza variabilis*／17cm

国内では本州中部以北で留鳥。富士山周辺では夏緑樹林帯で夏鳥、平地で冬鳥。日本のホオジロ類の中では大形種。雄は全身が暗黒色で、雌は茶褐色。暗めの林を好み、雄は繁殖期の春から夏にかけて、山地の林床の笹やぶなどで盛んにさえずる。冬は平地の緑地や公園などでも見られる。

(MK)

コジュリン
スズメ目ホオジロ科 *Emberiza yessoensis*／15cm

国内では東日本と九州の数か所の限られた狭い地域で繁殖し、各地に移動して越冬する。富士山周辺には冬鳥として渡来する。絶滅危惧種に指定されており、個体数の減少が心配されている。富士山周辺での繁殖は過去にはあったが、現在はよくわかっていない。

(NM)

オオジュリン
スズメ目ホオジロ科 *Emberiza schoeniclus*／16cm

国内では東北以北で繁殖する夏鳥、ほかの地域では冬鳥。富士山周辺には冬鳥として渡来する。秋から冬にかけて平地のアシ原などで多数見られる。冬羽から夏羽に変わる際、頭部は茶褐色の冬羽の表面が擦り切れて、羽毛の基部の黒色が現れる。このため、早春には中間的な見た目の個体もいる。

(MK)

富士山で使いたい！
野鳥を楽しく見るならこの道具！
（軽く使いやすい双眼鏡で鮮明に鳥たちを見たい）

「軽量」「コンパクト」「鮮明な視界」
見ることの楽しさが広がるニコン双眼鏡です

「できるだけ軽装で、できるだけ明るくクリアな視界で鳥を見たい」高低差のある移動が多い山間部でのバードウォッチングでは、特にこの思いが強くなります。ニコン双眼鏡 MONARCH シリーズ、PROSTAFF シリーズは、鮮明な視界での観察はもちろん、疲労の少ない軽快な観察にも配慮した軽量・コンパクト設計。まさにバードウォッチングに適した双眼鏡です。軽く、明るく、楽しく、鳥たちとの出会いを堪能してください。

MONARCH 7 30口径
"EDレンズ採用、
　広視界モナーク30口径モデル"
◎色のにじみの原因となる色収差を改善し、クリアな視界を提供するEDレンズ。
◎広い風景も存分に楽しめる、見かけ視界60°の広視界タイプ。
◎防水仕様をはじめ、アウトドア環境で活躍するタフ&コンパクトボディー。

MONARCH 7　8×30　45,000円（税別）
MONARCH 7　10×30　48,000円（税別）

MONARCH 5 42口径
"EDレンズ採用、
　ニコンの新しい本格"
◎EDレンズ採用。色にじみの原因となる色収差を補正したクリアな視界。
◎アウトドア環境で頼りになる、窒素ガス充填の本格防水仕様。
◎グラスファイバー入りポリカーボネイト樹脂を使用した軽量ボディー。

MONARCH 5　8×42　41,000円（税別）
MONARCH 5　10×42　43,000円（税別）

PROSTAFF 7S 30口径
"30口径入門機に一つ上の
　　　　　　光学性能を"
◎全てのレンズ・プリズムへの多層膜コーティングと、プリズムへの高品位コーティングによる1クラス上の明るく鮮明な視界。
◎窒素ガス充填による本格防水モデル。
◎グラスファイバー入りポリカーボネイト樹脂ボディーにより軽量化を実現。

PROSTAFF 7S　8×30　22,500円（税別）
PROSTAFF 7S　10×30　25,000円（税別）

※詳細や他の機種については、下記にお問い合わせください。

Nikon
株式会社 ニコンビジョン
株式会社 ニコン イメージング ジャパン

URL:http://www.nikon-image.com
ニコン カスタマーサポートセンター
ナビダイヤル 0570-02-8000

富士山バードウォッチング Q&A

富士山での探鳥にあたり，知っておくと得する情報や，ちょっとした雑学を紹介しよう。ここを読めば，富士山での探鳥をより深く楽しめること間違いなしだ。

構成 ● 森本 元

Q1. 富士山の雪模様"農鳥"とは？

"農鳥"とは富士山の山肌に現れる鳥の形をした残雪のことです。例年5～6月にかけての雪解け時期に，富士山の北西斜面の標高約3,000m付近に現れます。山梨県側からしか見ることはできません。形は雪の解け方で毎年変わり，ヒヨコや白鳥のような形など，年や時期ごとに異なる鳥の形を見ることができます。富士山北麓では春の風物詩として田植えの時期の目安にされています。また，現れる時期でその年の吉凶を占うとされ，あまりに早い出現は不吉とされています。バードウォッチャーにとっては，鳥の繁殖期の真っ盛り，富士山の高標高地での探鳥シーズンの幕開けを告げる目安としてちょうどよいかもしれません。

（文 ● 岡久雄二）

春の富士山（上）と出現した農鳥（下）。ヒヨコのような形をしている
撮影 ● 西 教生

Q2. 樹海での探鳥は大丈夫？

青木ヶ原樹海はうっそうとした木々に覆われており，一人で探鳥するには多少勇気がいる場所というイメージを抱く人が多いかもしれません。しかし，この樹海は山手線の内側と同じ面積と非常に広く，整備された東海自然遊歩道や野鳥の森公園などもあるため，気軽に探鳥できる場所もあります。このような整備された場所で探鳥する限りは特に危険はないでしょう。

もし樹海の奥を探検したいのであれば，エコツアーが頻繁に行われているので，参加してみるのもよいかもしれません。ちなみに，溶岩の上に置かなければ方位磁針は使えますし，GPSも機能するのでどうしても不安であればそうした機器を持っておくと安心かもしれません。ただし，歩道を離れての探鳥は迷いやすく，足場も悪くて非常に危険ですから，絶対に控えるようにしましょう。（岡久）

樹海のゴツゴツとした森林環境と，名物の風穴　撮影 ● 森本 元

Q3. 樹海は噴火でできたと言われているが, どのような場所なのか？

　青木ヶ原樹海は864年ごろの「貞観の大噴火」によって出た青木ヶ原溶岩流に覆われた場所にできた樹海です。主にツガとヒノキからなる針葉樹林に覆われ, 年中, 常緑であることから青木ヶ原と呼ばれています。できてからたった千数百年しか経っていない森なので富士山の天然林の中では比較的若い森とも言えます。鳥は比較的低い標高で繁殖するキビタキやオオルリ, クロツグミなどの夏鳥と, 針葉樹を好むキバシリやキクイタダキなどが観察され, 溶岩に巣を作るミソサザイがとても多く, 地面を歩き回っている姿を簡単に観察できます。人間の手があまり入っていないため, 多くの鳥が繁殖している場所でありながら, バードウォッチャーが少ない場所です。（岡久）

樹海内の様子。溶岩大地の上に森林が成立していることがわかる　撮影●高木憲太郎

Q4. 山でのバードウォッチングで, 森林や草原に入ってもよいか？

　登山道などから外れて森林に入るのは, ルール違反となることが大半です。アスファルトで舗装された車道は県道や国道などの公道ですが, 山で人が歩く登山道も, 実はこれらと同じく行政が管轄する公道です。一方, 道を囲む森林は国有林や県有林ですが, いくつもの法律で立入りが規制され保護されています。登山の際に登山道から外れて森林に入るときは, 多くの場所で入林許可や作業許可が必要になるので, バードウォッチングは公道から行いましょう。また, 林内には多数の獣道がありますが, これは道路ではないので間違えて入らないように注意が必要です。

　富士山の森林は多数の権利者・管理者によって管理されています。静岡県側の大半は国有林で環境省や林野庁, 山梨県側の大半は恩賜林組合が管轄しています。ちなみに通称「恩賜林」と呼ばれる山梨県側の県有林は明治天皇が山梨県へ御下賜されたことに由来します。加えて, 広大な自衛隊演習地には森林地帯も多く含まれていますし, 山麓には民有林も多数が存在します。朝霧高原などの牧場草原は当然ながら民有地です。このように, 鳥たちが多数生息する環境には, 人間側の社会も複雑に絡んでいます。ルールを守って楽しい探鳥を心がけましょう。（文●森本 元）

富士山の舗装された道や山中の登山歩道の様子。登山道を含む各道路は公道であり, 山麓には案内板が設置されている　撮影●森本 元

Q5. 日本一高い富士山に，高山鳥であるライチョウはいる？

結論から言えば，現在，富士山にライチョウはいません。ちなみに天気がよければ富士山からも見える日本アルプスの高山帯には生息しており，標高が日本アルプスより高い富士山なら生息できそうにも思えます。

絶滅危惧種で天然記念物でもあるライチョウは，以前から保護の必要性が叫ばれています。実はこのライチョウの保護増殖のために，他山の個体を富士山へ放鳥して，人工的に繁殖地を増やそうと，1960年に白馬山麓から成鳥と雛を移送・放鳥するという試みが行われたことがありました。その後，放鳥個体は繁殖に成功し，雛の誕生が確認され，定着が期待されましたが，1970年前後を最後に確認例がありません。現在はすでに放鳥個体群は絶滅したと考えられています。ライチョウはアルプスでは標高約2,400m以上のハイマツ帯などに生息していますが，富士山ではこうした植生が少ないことから，ライチョウの生息には厳しい環境であったことが原因ではないかと考えられています。（森本）

日本アルプスのライチョウ成鳥と雛。かつての富士山での放鳥でもこのような繁殖に至ったが，定着しなかった　撮影 ● 小林 篤

Q6. 富士山に外来種（鳥）はいる？

富士山周辺では多くの外来種（鳥）がいます。「富士山で見られる野鳥図鑑（p.66～）」で紹介していない富士山の外来種をここで解説します。

中程度の標高以下の森林の下やぶでは，ソウシチョウが多数生息しています。富士山スカイラインなどで顕著で，繁殖期には大きな声があちこちから聞こえます。また，ガビチョウも多く，ふもとのいたるところで見られ，例えば環境省生物多様性センターの周辺などでは樹冠部で多くさえずっています。クロツグミに声が似ているので識別には注意が必要です。

また，富士五湖には多数のコブハクチョウが生息し，山中湖で白鳥と言えばコブハクチョウという状況です。さらに近年，山中湖や河口湖にはカナダガンが生息しています。これは最近になって定着・繁殖を開始した個体群なのですが，その由来はよくわかっていません。神奈川県内などでも飼育から野生化したと見られる群れが生息しており，カナダガンは国内各地で問題になっています。そして河口湖のカナダガンは現在では特定外来種に指定，有害鳥獣駆除の対象となっており，増加を防ぐ対策が行われています。（森本）

富士山周辺で見られる外来種。左から，下やぶのある環境に広く生息するソウシチョウ。樹冠部でよくさえずるガビチョウ。富士五湖で多く見られるコブハクチョウ。近年定着し，問題視されているカナダガン（写真：米国内）　撮影 ● 森本 元

Q7. 日本一高い富士山にはカラスはどの標高までいる？

富士山周辺にはハシボソガラスとハシブトガラスの2種のカラスがいます。里地の鳥のハシボソガラスはふもとに，森林の鳥のハシブトガラスは山の上のほうまで生息します。例えば，富士スカイラインやスバルラインの途中はもとより，それらの自動車道の終点である五合目の駐車場でもハシブトガラスの姿は見られます。春先の雪の残る季節には開けた場所で食物を探しており，山のカラスらしいワイルドな風格を感じることもあります。

さて，そんなカラスたちは富士山のどこまで生息しているのでしょう。実はこれを調べた研究があります。現在は富士山頂では夏の間，ハシブトガラスとハシボソガラスが定着するものの，昔は生息していなかったと報告されています。ほかの高山でも観光化や登山者の増加でゴミが増え，カラスの定着に影響している可能性が指摘されています。登山やバードウォッチングの際には，ゴミなどのマナーにも気を付けたいですね。（森本）

富士山六合目付近のハシブトガラス。4月のまだ雪深い時期から雪の中で採食する。繁殖のために山に上がってくるものと思われる　撮影● 森本 元

Q8. バードウォッチング発祥の地と富士山との関係は？

野鳥観察の起源はイギリスですが，日本におけるバードウォッチング発祥の地は富士山と言えます。日本初の探鳥会は富士山麓の須走で，日本野鳥の会の創設者で初代会長でもある中西悟堂によって開催されました。1934年に行われたこの会では，詩人の北原白秋など多くの著名人が参加し，文化的なイベントであったそうです。ほかにも鳥学で知られた内田清之助や清棲幸保，松山資郎といった人が参加しました。標高約900mほどのエリアで行われたこの探鳥会の場所は，今は自衛隊演習地の中にあり，簡単に行けませんが，須走口ふじあざみラインの道端に日本初の探鳥地であることを示す記念碑がひっそりと建っています。この日本初の探鳥会に関する情報や地域の野鳥の写真などは，ふもとの「道の駅すばしり」にある日本野鳥の会の常設展示で見られます。

富士山麓には河口湖フィールドセンターや，日本の環境保全活動の中心といえる環境省生物多様性センターなどの施設が充実し，一般来館者向けの展示もあります。また，山小屋やふもとの宿には，生物に詳しい地元の人もいます。バードウォッチングの合間に，これらの施設展示などで自然環境について学んだり，地元の人々と交流することも富士山での鳥見の楽しみです。（森本）

日本初の探鳥会の開催地の記念碑（上）。河口湖フィールドセンター（中）。環境省生物多様性センター（下）
撮影● 森本 元・BIRDER

Q9. 富士山の優占種である キビタキってナルシスト なの？

キビタキの学名は *Ficedula narcissina*,「ナルシストなヒタキ」という意味です。日本語で「ナルシスト」とは自分のことが大好きな人のことを指しますが，もともとこの言葉は「美少年」を意味しました。ギリシャ神話に登場する美少年ナルキッソスは，あるとき，水面に映る自分の姿に見とれて溺れ死にます。そのあとに水仙が咲いたことから，水仙のことを英語でナルシスト（narcissus）と呼びます。キビタキの学名はオランダの鳥類学者 Temminck によって1836年に名づけられたのですが，キビタキのナルシストは水仙の花の黄色がキビタキの色に似ていることに由来すると言われています。

ただし，野外で見ていると誇らしげに羽を広げて黄色を見せつけながら，さえずるキビタキをよく見ます。キビタキの雄たちは案外，「自分ってかっこいいじゃん！」と自慢したいのかもしれませんね。（岡久）

富士山麓に多数生息するキビタキは，富士五湖に映る自分の姿を見ているのかも。写真のキビタキは何だかポーズを取っているようにも見える　撮影●森本 元

Q10. 富士山の道路事情で気をつける こととは？

富士山の中腹から上は冬季閉鎖のために入れなくなります。例えば富士山スカイラインの一部区間や須走口のふじあざみラインなどは，11月下旬ごろ〜5月連休前までの約半年間は閉鎖されます。スバルラインは冬も原則入れますが，降雪で閉鎖されることも多く，要注意です。開通後も五合目より上の登山道が正式に開くのは7〜8月の2か月間のみです。それ以外の期間にこの範囲に立入る際は，自己責任での登山道への進入となります。真夏の登山シーズンには，マイカー規制が行われ，自家用車はふもとの駐車場に停めて，登山バスやタクシーで移動する時期もあります。登山エリアへ出かける際には安全を心がけてください。

一方，ふもとは当然ながら1年中，探訪可能です。ただし，冬は雪が積もることも多く寒い地域なので，スタッドレスタイヤや防寒具などの冬装備が必要です。山は平地と同じようにはいかない点が多々あるので，計画的なバードウォッチングを心がけましょう。（森本）

五合目以上の登山道の冬季通行止のお知らせ。冬はこれより先に行けない（左）。春以降，五合目までの冬季車両通行止の解除後も，五合目以上の登山道は通行止め（中）。閉鎖されていた登山道は夏（7〜8月）にはオープンする（右）　撮影●森本 元

Q11. 山でのバードウォッチングで必要な装備とは？

　山であっても基本的には，普通のバードウォッチングの装備で大丈夫です。五合目までは車で行けますし，遊歩道はスニーカーで歩けます。ただし，これは夏の話。五合目付近は雪解けが遅い年だと6月中でも雪が残っていることもあるので注意が必要です。また，五合目以上に行くとなれば，それはもう登山なので，きちんとした登山装備をしましょう。雲に包まれればかなり寒いですし，太陽が出れば平地以上にキツイ日差しが照りつけるため，防寒と熱射病対策（帽子など）が重要です。観光地である山中湖などでも5月の早朝はまだ寒く，きちんとした防寒対策をおすすめします。

　意外と見落としがちな点として，マイカー利用のときに気をつけたいのが車の整備です。平地なら普通に問題なく走れていたのに，山の坂道走行で故障してしまったということがあります。これは，坂道を走る負荷が平地とは比べ物にならないほど大きいためです。毎年，オーバーヒートなどのトラブルに遭う車があとを絶ちません。ひどい場合は車両炎上ということも……。事前の整備はしっかりしておきましょう。（森本）

道路脇の石積の針金に引っかかってパンク（上）。満車となった五合目の登山者用駐車場。連日のように JAF による車両の救出がある（下）　撮影●森本 元

Q12. 富士山のトイレ事情とは？

　山のトイレは基本的に，上に行けば行くほど有料です（五合目以下なら無料の場所もあります）。例えば1回200円などです。「高い！」と思う人もいるかもしれません。しかし，電気も水道もない山の上になぜちゃんと水洗トイレがあるかを考えてみてください。例えば，常設されているものは水を循環させています。さらに，夏だけ期間限定で設置されるものの場合，方式はさまざまですが，水を循環させたり，おがくずを利用して微生物に汚物を分解させる「バイオトイレ」などがあります。短期設置の仮設トイレは，夏になるとわざわざふもとからトラックやブルドーザーで運んで設置しています。これらの水循環設備や汚物の微生物分解に必要なエネルギーは発電機で起こしており，その燃料は定期的にふもとからタンクローリーで運んでいるのです。またくみとり式トイレの場合は，定期的に汚物をふもとへ下ろさなければなりません。

　世界文化遺産に指定された富士山ですが，以前に登山者のトイレットペーパーが登山道沿いに延々と続いていると問題になったことがありました。現在は多数のトイレの設置もあり，この問題は劇的に改善しましたが，その裏では山のトイレの維持のために，人的・資金的に高いコストがかかっています。こうして考えると，この金額でも安いといえそうです。（森本）

山の上のトイレは有料が基本。山小屋や売店を利用すればトイレが無料で使えるケースもある。24時間対応でないことも多いので注意　撮影●森本 元